JN426258

소화약제화학

김명철 저

도서출판 동화기술

머리말

삶의 의미이신 하나님께 먼저 감사드린다.

앎의 깊이가 얕아 무언가를 제시한다는 부담감을 내내 가지고 있다. 기존의 관련 양서들 앞에 창의성과 총괄성을 담아내야 하는 저술 필연성은 떨칠 수 없는 어려움이다.

본서에도 추구하는 방향이 있다. 소화약제와 관련된 화학적 기초로부터 소화설비에의 적용에 이르기까지 폭 넓은 전문영역을 알기 쉽고 간결하게 정리하는 것이 그것이다. 추후 독자들로부터 대학교재로서의 학문성과 실무지침기본서로서의 현장성을 모두 볼 수 있다는 평을 듣는다면 저자의 의도는 충분히 실현될 수 있다.

이를 위해 본서는 다섯 개의 장으로 구성하였으며 제1장과 제2장은 소화약제를 이해하기 위한 학문적 준비로서 물질과 소화에 관한 기초 개념을 소개하였다.

그리고 제3장부터 제5장까지는 소화약제에 관한 전문지식을 약제의 상태와 종류에 따라 자세히 서술하였다. 특히 소화설비 내 소화약제 저장량 산정은 화재의 형태와 약제 방출 방식에 따라 수식을 통해 이해하기 쉽게 소개하였다.

본서의 내용은 국내외 관련 법규를 바탕으로 서술되었으며 필요시 풍부한 각주를 통해 근거 자료와 보충 설명을 제공하였다. 그러나 이와 관련된 한 가지 아쉬운 점은 소화약제물질의 명칭을 대한화학회 명명법에 따르지 않고 관련 법규에 명시된 바와 같이 표현한 점이다.

늘 옆에 두고 싶고 손에 쏙 잡히는 소화약제분야의 필독서가 되기를 바라는 마음 없는바 아니나 저자의 능력과 초간본이 가지는 필연적 부족함이 조심스럽기만 하다. 그러기에 선후학 제현과 독자들의 애정 어린 질책과 조언을 기대하는 마음 크다.

책의 출간을 흔쾌히 맡아주신 도서출판 동화기술의 정우용 회장님과 수고해주신 편집위원들께 마음 깊은 감사를 드린다.

개정증보판 머리말

2년 만의 개정판 출간이 갖는 기쁨을, 삶의 의미이신 하나님께 먼저 감사드리며, 아울러 이 책을 아껴주신 소방학과 여러 교수님들과 독자들께도 마음 깊은 사례를 드린다.

이번 개정판의 주요 변경된 내용은 용어와 정의에 관한 것이며, 특히 청정소화약제에 관한 부분이 가장 크다. 최근 국가화재안전기준(NFSC 107A) 등의 명칭 개정(2018년 11월)에 따라 청정소화약제설비라는 용어가 국내 관련법규에서 사라지고 모두 "할로겐화합물 및 불활성기체소화설비"로 바뀌었음이 적용되었다. 아울러 지금까지도 수정되지 못했던 오탈자와 표현의 완성도를 향상시킨 부분도 있다.

결과적으로 전체 분량의 절반에 가까운 100여 페이지 이상이 부분적으로 수정되었다.

개정판을 준비하는 과정에서 늘 느끼는 아쉬움은 저자의 능력과 학문적 부족함이다. 그러기에 앞으로도 독자들의 아낌없는 조언과 질책을 바라는 마음 크다.

책의 출간과 배급에 늘 애써주시는 도서출판 동화기술의 정우용 회장님께 감사드리며, 원고 편집에 수고와 탁월함을 보여주신 편집위원들께도 심심한 사의를 표한다.

저 자

Contents

제1장

물질의 상태와 구분

제 2 장

연소와 소화

제 3 장

수계소화약제

제 4 장

가스계 소화약제

제 5 장

분말소화약제

제 6 장

소화기구와 자동소화장치

제 1 장

물질의 상태와 구분

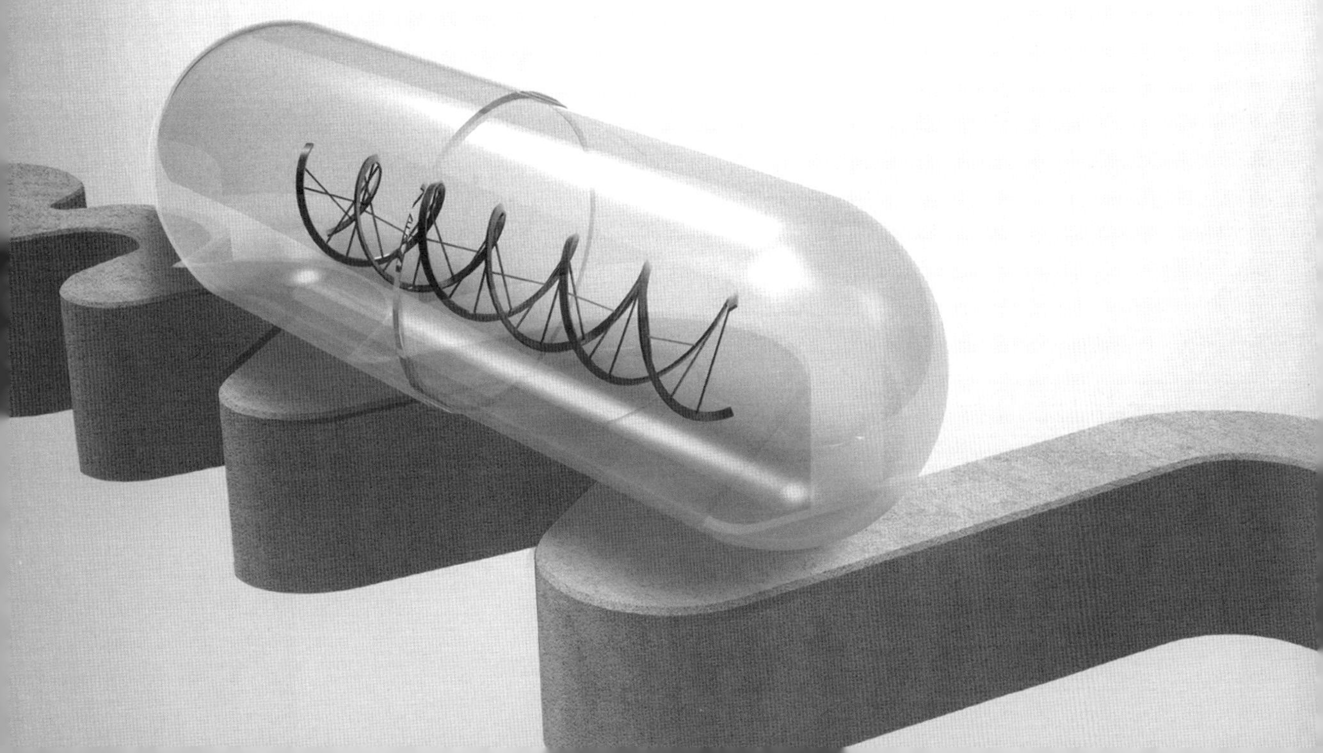

1-1 물질의 분류

소화약제란 "소화설비에 사용되는 소화성능이 있는 고체, 액체 및 기체의 물질" 이다.[1] 이와 같이 물질은 동일한 성분이라도 온도와 압력에 따라 고체상(solid phase), 액체상(liquid phase), 기체상(gas phase)으로 구분되며, 구성단위의 형태에 따라 원소(element)나 단체(elements), 화합물(compound)과 같은 순물질(pure substance)로 존재하거나 순물질들이 섞인 혼합물(mixture)을 형성하기도 한다. 물질은 물질을 이루는 기본 입자의 형태를 따라 원자(atom)와 분자(molecule)로 구분하고, 분자의 종류는 무기화합물(inorganic compound)과 유기화합물(organic compound)로 크게 분류한다.

분자는 크기에 따라서 고분자(macromolecule, polymer)가 되기도 하며, 특별한 기능에 의해 계면활성제(surfactant)가 되기도 한다. 물질을 구분하는 이런 기준과 용어를 정확하게 이해하는 것은 향후 다양한 물질로 구성된 소화약제들을 공부하는 기초를 제공한다.

1-1-1 물질의 상(相, phase)

모든 물질은 주변 온도와 압력의 변화에 따라 상이 달라진다. 물은 대기압 하에서 온도가 올라가면 0°C에서 고체상 얼음이 녹아 액체상 물로 바뀌고, 100°C에서는 마지막으로 기체상 수증기로 변한다.

물질들은 〈그림 1-1〉에서와 같이 온도와 압력에 따라 상이 바뀐다. 각각의 물질들이 어떤 온도와 압력에서 무슨 상으로 존재하는지를 보여주는 도표가 상평형도(phase diagram)이다. 소화약제로 사용되는 다양한 물질들은 외부 조건에 따

1) 소화약제의 형식승인 및 제품검사의 기술기준 제2조 1호(2017년 7월)

라 서로 다른 상태를 나타내며 각각의 고유한 상평형도를 가진다. 또한 소화약제는 물, 이산화탄소, 고체 분말과 같이 각각 단일 상으로 구성된 것이 대부분이지만 포소화약제와 같이 두 종류의 상이 공존하는 것도 있다. 그러므로 소화약제의 특성을 이해하기 위해서는 화학적 성질뿐만 아니라 온도에 따른 상변화의 물리적 상태를 나타내는 상평형도를 이해해야 한다.

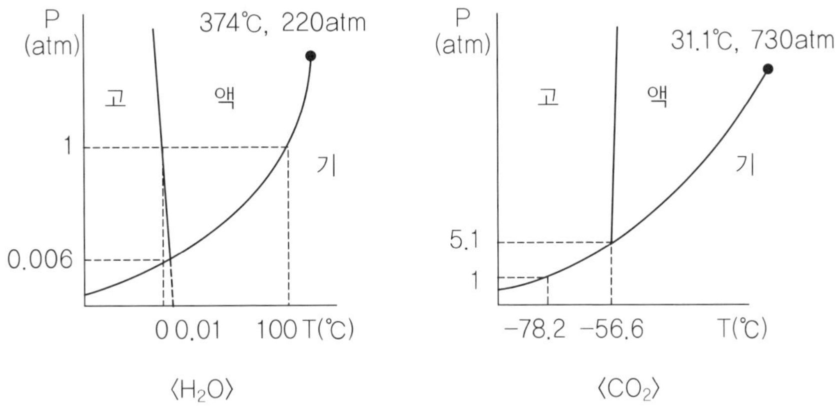

그림 1-1 물질의 상평형도

상이 바뀌는 것이 상전이(phase transition)이다. 상전이에는 반드시 에너지의 출입이 뒤따른다. 고체상이 액체상으로, 또는 액체상이 기체상으로 변화하는 과정에서는 주변으로부터의 에너지 흡수가 필수적이며 이를 각각 융해열(heat of fusion)과 증발열(heat of vaporization)이라 한다. 고체상이 기체상으로 바뀌는 경우는 승화열(heat of sublimation)이라 하는데, 동일 물질의 경우 그 크기는 융해열과 증발열을 합한 것과 같다. 그러나 상전이 방향이 거꾸로 진행될 경우 나타나는 열량들은 각각을 응고열(heat of freezing), 응축열(heat of condensation), 승화열이라 하는데 각각 융해열, 증발열, 승화열과 같은 크기의 에너지를 주위로 방출한다. 이렇게 흡수되거나 방출되는 에너지가 상전이열(heat of phase transition)

이다.

상전이열은 많은 종류의 소화약제들이 나타내는 냉각소화작용의 근거가 된다. 예로서 물이 나타내는 대표적 냉각소화기능은 물이 가지는 큰 증발열 때문이다.

표 1-1 물질의 증발열

물질명	증발열(cal/g)
물(H_2O)	539.6
암모니아(NH_3)	328.3
에테인(C_2H_6)	117.3
질소(N_2)	47.7
할론1211(CF_2ClBr)	32.3
할론1301(CF_3Br)	28.4
할론2402($C_2F_4Br_2$)	0.72

그러나 분말소화약제가 가지는 여러 소화작용 중 고체 분말의 분해과정을 통해 나타나는 냉각효과는 상전이열(승화열)이 아닌 분해열이며, 기체상 소화설비의 운용에서 나타나는 냉각현상은 상전이열과 무관한 줄-톰슨(Joule-Thomson)효과[2]이다.

1-1-2 물질의 구성

자연계의 물질들은 대부분 분자(molecule)로 구성되어 있으며, 여섯 가지의 불활성기체 원소를 제외하면 모두 두 개 이상의 원자(atom)들이 화학적으로 결합되어 있다. 즉, 분자는 물질의 고유한 특성을 가진 상태의 가장 작은 입자이며 100

2) 압축된 기체가 단열팽창 시 자체 온도가 내려가는 현상

여 종의 원자들이 다양한 조합으로 결합되어 있다. 그러므로 원자는 물질을 구성하는 가장 작은 크기의 입자라 할 수 있다. 원소(element)는 원자의 종류를 의미하지만 용어의 구분은 모호하다. 100여개의 원소를 크기와 성질에 따라 정리한 도표가 주기율표(periodic table)이다.

	IA	IIA	IIIB	IVB	VB	VIB	VIIB	VIIIB			IB	IIB	IIIA	IVA	VA	VIA	VIIA	0
1	1 H 1.00794																	2 He 2.1
2	3 Li 6.941	4 Be 9.01218											5 B 10.811	6 C 12.011	7 N 14.00674	8 O 15.9994	9 F 18.99840	10 Ne 20.1797
3	11 Na 22.9897	12 Mg 24.3050											13 Al 26.98154	14 Si 28.0855	15 p 30.97376	16 S 32.066	17 Cl 35.4527	18 Ar 39.948
4	19 K 39.0983	20 Ca 40.078	21 Sc 44.95591	22 Ti 47.88	23 V 50.9415	24 Cr 51.9961	25 Mn 54.9380	26 Fe 55.847	27 Co 58.93320	28 Ni 58.69	29 Cu 63.546	30 Zn 65.39	31 Ga 69.723	32 Ge 72.61	33 As 74.92159	34 Se 78.96	35 Br 79.904	36 Kr 83.80
5	37 Rb 85.4678	49 Sr 87.52	49 Y 88.90585	49 Zr 91.224	49 Nb 92.90638	49 Mo 95.94	49 Tc 98.9072	44 Ru 101.07	45 Rh 106.90550	46 Pd 106.42	47 Ag 107.8682	48 Cd 112.411	49 In 114.82	50 Sn 118.710	51 Sb 121.75	52 Te 127.60	53 I 126.90447	54 Xe 131.29
6	55 Cs 132.90543	56 Ba 137.327	57 La 138.9055	72 Hf 178.49	73 Ta 180.9479	74 W 183.85	75 Re 186.207	76 Os 190.2	77 Ir 192.22	78 Pt 195.08	79 Au 196.96654	80 Hg 200.59	81 Tl 204.3833	82 Pb 207.2	83 Bi 208.98037	84 Po 208.9824	85 At 209.9871	86 Rn 222.0176
7	87 Fr 223.0197	88 Ra 226.0254	89 Ac 227.0278	104 Unq 261.11	105 Unp 262.114	106 Unh 263.118	107 Uns 262.12											

란탄계	58 Ce 140.115	59 Pr 140.90765	60 Nb 144.24	61 Pm 144.9127	62 Sm 150.36	63 Eu 151.965	64 Gd 157.25	65 Tb 158.92534	66 Dy 162.5	67 Ho 164.93032	68 Er 167.26	69 Tm 168.93421	70 Yb 173.04	71 Lu 174.967
악티늄계	90 Th 232.0381	91 Pa 231.0359	92 U 238.0289	93 Np 237.0642	94 Pu 244.0642	95 Am 243.0614	96 Cm 247.0703	97 Bk 247.0703	98 Cf 242.0584	99 Es 252.083	100 Fm 257.0951	101 Md 258.10	102 No 259.1009	103 Lr 260.105

그림 1-2 원소들의 주기율표

주기율표에서 가로줄은 주기(period)이며 세로줄은 족(group)이다. 원소들은 원자번호(atomic number)로 구분하며 원자번호가 클수록 무겁다. 일반적으로 주기는 아라비아 숫자로 표기하며 족은 로마 숫자로 구분한다. 동일한 주기의 경우 원자의 크기가 서로 유사하지만 오른쪽으로 갈수록 상대적으로 조금씩 작아진다. 같은 세로줄인 족은 동일 족 내의 모든 원소들이 화학적으로 비슷한 특성을 가지며 아래로 내려갈수록 크기는 더 커진다. 족 번호 중 A족은 주족원소(representative element)로서 전형적이며 고정된 화학적 특성을 가진다. 그러나 B족은 제일 바깥 전자껍질인 원자가(valence)에 d궤도 혹은 f궤도를 가지므로 전하 상태 등 화학적 성질이 유동적이다. 주족은 각 족마다 대표되는 명칭이 있는데 IA는 알칼리금속(alkali metal)족, IIA는 알칼리 토금속(alkali earth metal)족, IIIA는 붕소족, IVA는 탄소족, VA는 질소족, VIA는 산소족, VIIA는 할로겐(halogen)족, VIIIA 혹은 0족은 불활성기체(noble gas)라고 한다. 알칼리금속은 물속에서 물 분자와 격렬히 반응하여 수용액을 알칼리성으로 바꾸어주기 때문에 알칼리금속이라 하며, 알칼리 토금속은 알칼리 금속과 동일한 특성을 가지지만 토양 속에 상대적으로 더 풍부하게 매장되어 있는 원소들이라는 의미이다. 할로겐 원소는 화학 반응성이 상대적으로 가장 강한 원소들이며 할로겐화합물소화약제와 청정소화약제의 제조 시 필수적인 성분으로 이용된다. 주기율표에서 왼쪽(족의 번호가 낮은) 원소들은 대부분 금속들이지만 오른 쪽은 비금속(nonmetal) 원소들이다. 그 경계를 이루는 붕소(B), 규소(Si), 게르마늄(Ge), 비소(As), 안티몬(Sb), 텔루륨(Te), 폴로늄(Po), 아스타틴(At) 원소들을 준금속(metalloid)이라고 한다. 그 중에서도 할로겐원소인 아스타틴(astatine)은 자연계의 매장량도 극히 희박할 뿐 아니라 화학적으로도 지극히 불안정하여 일반적인 조건 하에서는 존재할 수 없는 물질이다.

주기율표에서 아래쪽에 분리된 두 가로줄은 모두 내부전이원소(inner transition element)들로서 원자가에 각각 4f궤도와 5f궤도를 가진 원소들이다. 그 중 란탄계원소(lanthanides)는 희토류원소(rare earth element)라고도 하는데 지각 내 지하자원으로서의 매장량이 지극히 희박한 원소들이라는 의미이다. 그리고 악티늄계원소(actinides)는 중희토류원소(heavy rare earth element)라고 하며 희토류원소들 중에서도 상대적으로 더 무거운 원소를 가리킨다. 최근 희토류원소들은 매우 강한 자성(magnetic property)으로 인해 전력생산, 산업용 모터, 음향장치, 저온고압장치 등 현대 산업 전반에 걸친 폭발적 수요로 인해 가격이 급증하고 있는 물질이다.

1-1-3 물질의 형태(form of material)

여러 가지 소화약제들도 각각은 물질의 한 종류이므로 다양한 화학적 형태를 가진다. 물질은 크게 순물질(pure substance)과 혼합물(mixture)로 구분된다.

- 물질
  - 순물질
    - 원소 ex) He, Ne, Ar
    - 단체 ex) O_2, Cl_2, S_8
    - 화합물 ex) H_2O, CO_2, CCl_4
  - 혼합물
    - 균일혼합물 ex) 우유, 대기, 황동
    - 불균일혼합물 ex) 흙탕물, 햄버거

그림 1-3 물질의 형태

순물질은 한 종류의 성분으로만 구성된 것이며, 두 종류 이상의 것은 혼합물이다. 순물질은 화합물(compound)로 존재하는 것이 대부분이지만 단체(elements)나 원소(element) 형태도 있다. 화합물과 단체는 모두 분자(molecule)이지만 두 종류이상의 원자가 화학적으로 결합된 것이 화합물이며, 한 종류의 원자로만 두 개 이상 결합된 것이 단체이다. 실제로 원자 한 개로 된 원소 상태의 물질은 불활성기체라고 알려진 6개의 원소뿐이다.

혼합물은 두 종류 이상의 물질이 섞여있는 것으로서 골고루 잘 섞인 것을 균일혼합물(homogeneous mixture), 그렇지 못한 것을 불균일혼합물(heterogeneous mixture)이라고 한다. 균일혼합물은 선택하는 공간과 시간에 무관하게 성분과 조성이 일정하다. 따라서 균일혼합물은 액체뿐만 아니라 기체와 고체 상태로도 존재하며, 이를 용액(solution)이라고 한다. 불균일혼합물은 균일혼합물과는 달리 공간적으로 조성의 차이가 있어서 특정한 성분비로 물질의 전체 성질을 표현하는 것이 어렵다. 혼합물로부터 순물질의 분리는 여과 혹은 증류와 같은 물리적 방법으로 쉽게 가능하지만, 양이 매우 작은 성분의 경우는 크로마토그래피(chromatography)를 이용하기도 한다.

가스계 소화약제 중 이산화탄소는 화합물 형태이나 청정소화약제 중 일부는 균일혼합물 형태이다. 소화약제로 사용되는 대부분의 분말이나 물 등도 주성분이 차지하는 비율로는 화합물 형태로 볼 수 있으나 엄격히 말해 다양한 용도의 첨가제가 들어 있는 균일혼합물이다. 그러므로 소화약제의 작용을 이해하기 위해서는 구성 성분들의 역할과 특성, 시간과 외부 조건에 대한 균일성 유지 등의 요소들을 이해하는 것이 필요하다.

1-1-4 물질의 이름

화합물은 크게 유기화합물과 무기화합물로 나눈다. 유기화합물(organic compound)은 탄소(carbon, C)와 수소(hydrogen, H)가 주성분인 탄화수소(hydrocarbon) 분자이며, 무기화합물(inorganic compound)은 그 외의 분자들을 가리킨다. 유기화합물은 간단히 유기물이라고 하는데, 명칭의 어원은 유기생명체를 구성하는 성분들이라는 의미를 가진다. 그러나 일반적으로는 생명체 구성 성분이라는 개념을 떠나서 탄소와 탄소 사이의 연결이 주된 축을 형성하고 있고 그 주위에 가지(branch) 모양의 수소가 결합되어 있는 기본 형태와 일부 수소 원자가 치환된 여러 형태의 분자를 포함한다.

할로겐화합물소화약제와 포소화약제의 포 원액, 그리고 할로겐화합물 청정소화약제는 모두 유기물이 주성분이다. 그러나 물이나 이산화탄소 그리고 대부분의 분말소화약제는 그 주성분이 전형적인 무기물 분자들이다.

소화약제의 특성이나 구조를 물질명을 통해 이해하는 것은 매우 중요하다. 그러기 위해 무기물과 유기물, 화합물의 종류가 무엇인지를 결정하는 것이 가장 우선적인 일이다. 왜냐하면 화합물의 종류에 따라서 물질의 명명법이 같지 않기 때문이다.

무기물은 크게 이온화합물, 공유화합물, 산과 염기로 분류한다.

물론 배위화합물의 형태도 있으나 소화약제로 사용되는 경우가 없으므로 여기서는 명명법을 다루지 않고자 한다.

이온화합물은 양이온과 음이온간의 결합으로 형성된 분자이다. 따라서 이온들의 이름을 먼저 알아야 한다. 이온들의 종류는 한 개의 원자로 된 단원자이온(uniatomic ion)과 두 개 이상의 원자로 이루어진 다원자이온(polyatomic ion)이 있다.

표 1-2 이온의 종류와 전하

단원자 이온		다원자 이온	
H^+	수소(hydrogen)이온	H_3O^+	히드로늄(hydronium)이온
Na^+	소듐(sodium)이온	NH_4^+	암모늄(ammonium)이온
K^+	포타슘(potassium)이온	OH^-	수산화이온(hydroxide)
Ca^{2+}	칼슘(calcium)이온	NO_3^-	질산이온(nitrate)
Al^{3+}	알루미늄(aluminium)이온	NO_2^-	아질산이온(nitride)
H^-	수소음이온(hydride)	ClO_4^-	과염소산이온(perchlorate)
F^-	플루오르이온(fluoride)	ClO_3^-	염소산이온(chlorate)
Cl^-	염소이온(chloride)	ClO_2^-	아염소산이온(chlorite)
Br^-	브롬이온(bromide)	ClO^-	하이포아염소산이온(hypochlorite)
I^-	요오드이온(iodide)	SO_4^{2-}	황산이온(sulfate)
O^{2-}	산소이온(oxide)	SO_3^{2-}	아황산이온(sulfite)
S^{2-}	황이온(sulfide)	CO_3^{2-}	탄산이온(carbonate)
N^{3-}	질소이온(nitride)	HCO_3^-	중탄산이온(bicarbonate)
P^{3-}	인이온(phosphide)	PO_4^{3-}	인산이온(phosphate)

이온화합물의 이름을 결정하는 가장 쉬운 방법은 이온의 이름을 차례대로 불러주는 것이다. 이온화합물의 화학식은 항상 양이온을 왼쪽에, 음이온을 오른쪽

에 둔다. 한글명으로 나타낼 경우에는 음이온명부터, 영어명의 경우는 양이온명부터 불러준다. 다만 단원자 음이온이 화합물을 형성한 것은 한글명의 경우 원소의 '소'자를 떼어내고 '화'자를 붙여주고, 영어명의 경우 음이온의 원소명 어미를 '~ide'로 바꿔준다.

그리고 전이금속들은 이온상태에서 두 개 이상의 전하를 가지는데, 구리(Cu)는 +1과 +2, 철(Fe)은 +2와 +3, 티타늄(Ti)과 주석(Sn)은 +2와 +4의 전하를 나타낸다. 이 경우 한글명에서는 실제 전하의 크기와 상관없이 금속원소의 이름 앞에 무조건 작은 전하를 '제1', 큰 전하를 '제2'라고 불러준다. 영어명의 경우에는 금속원소명 다음 괄호 속에 실제 전하 크기를 로마숫자로 표기하는 것이 원칙이다.

$NaCl$	염화나트륨(Sodium Chloride) 혹은 염화소듐
H_2S	황화수소(Hydrogen Sulfide)
$Ca(OH)_2$	수산화칼슘(Calcium Hydroxide)
$(NH_4)_2SO_4$	황산암모늄(Ammonium Sulfate)
$TiCl_4$	염화제2티타늄(Titanium(IV) Chloride)

여기서 '수산화칼슘'의 경우 왜 '이수산화칼슘'이라고 하지 않고, '황산암모늄'은 왜 '황산이암모늄'이라고 하지 않는지 의문이 들 수 있다. 그것은 이온마다 고유한 크기의 전하를 가지고 있어서 이온화합물은 전체적으로는 양전하와 음전하의 합이 항상 0이 되어야 하기 때문이다. 그러므로 전하가 +2인 칼슘이온의 상대가 -1인 염소이온이라면 당연히 염소이온은 두 개가 있어야 한다. 당연한 숫자는 명명법에서 표현하지 않는다. 이것은 이온화합물에서 반드시 기억해야할 원칙이다. 결국 이온화합물의 명명법에서 가장 필요한 부분은 이온들의 이름과 전하를 많이 아는 것이다.

공유화합물의 명명법은 이온화합물의 경우와 일반적으로는 동일하나 구성 원자들의 개수를 모두 표기한다는 점이 다르다. 다만 영어명의 경우 개수를 나타내는 접두사는 독특하다.

1 : mono	2 : di	3 : tri	4 : tetra	5 : penta
6 : hexa	7 : hepta	8 : octa	9 : nona	10 : deca

CO_2	이산화탄소(Carbon Dioxide)
N_2O_5	오산화이질소(Dinitrogen Pentoxide)
SF_6	육플루오르화황(Sulfur Hexafluoride)
CS_2	이황화탄소(Carbon Disulfide)

공유화합물의 영어명에서 두 원소간 연결시 모음인 'a' 혹은 'o' 등이 만나 복모음이 될 경우는 대부분 'o' 로 단모음화 한다.

그러나 정말 중요한 점은 특정의 물질이 이온화합물인지 공유화합물인지를 구별하는 것이다. 여기에는 화학적 기초 지식이 필요하며 원소들을 정리한 도표인 주기율표(periodic table)를 이용해야 한다. 특히 단원자끼리의 결합으로 형성된 화합물의 경우, 구성 원소들이 주기율표의 어디에 위치하고 있는지를 알아야 한다. 주기율표의 왼쪽은 금속(metal)이며 오른쪽은 비금속(nonmetal)이다. 이온화합물은 금속과 비금속 원자들 사이의 결합으로 형성되지만 공유화합물은 비금속원자들 사이의 결합으로 이루어진다. 이온화합물의 예로 제시한 NaCl에서 Na는 주기율표의 맨 왼쪽에(금속) 위치하고, Cl은 오른쪽에(비금속) 있다. 그러나 공유화합물의 예에서 볼 수 있는 C, O, N, S, F 등은 모두 주기율표의 오른쪽에 있다.

이 같은 방법이 이온화합물과 공유화합물을 간단히 구분해주긴 하지만 다원자이온이 포함된 여러 종류의 이온화합물들은 다원자이온들의 명칭과 전하를 많이 아는 것이 필수적이다.

소화약제로 사용되는 무기물의 종류에는 산(acid)과 염기(base)가 있다. 산은 수용액속에서 수소이온(H^+ 혹은 H_3O^+)의 농도를 증가시키거나 화학반응을 통해 전자쌍(electron pair)을 받아들이는 물질이다. 그러므로 대부분의 산은 분자 내 수소 원자가 공통적으로 있어서 음이온의 이름이 산의 이름이 된다. 영어명의 경우에도 마찬가지이나 음이온의 어미가 '~ide'로 끝나는 경우에는 산의 이름 맨 앞에 'hydro'라는 접두사를 넣고 음이온의 어미를 '~ic'로 바꾸어 준다. 그리고 음이온의 어미가 '~ate' 또는 '~ite'로 끝나는 경우는 각각 '~ic'와 '~ous'로 변환시킨다.

HCl 염산(hydrochloric acid)
H_2SO_4 황산(sulfuric acid)
HNO_3 질산(nitric acid)
$HClO_2$ 아염소산(chlorous acid)

염기 물질의 명명법은 무기물의 일반적인 방법과 동일하다.

유기화합물의 명명법은 분자 구조와 탄소 개수에 의해 결정된다. 유기화합물의 분자구조는 크게 지방족(aliphatic)과 방향족(aromatic)으로 나누며, 지방족은 사슬형(chain)과 고리형(cyclic) 화합물로 구분한다. 사슬형 지방족 분자들은 다중결합의 유무에 따라 일반식이 C_nH_{2n+2}의 알케인(alkane), C_nH_{2n}의 알켄(alkene), C_nH_{2n-2}의 알킨(alkyne)으로 분류된다. 알케인은 분자 내 모든 결합이 단일결합으로 이루어져 있으며 탄소 개수에 따른 고유명에 '~ane'를 붙인다. 그러나 분자 내 각각 이중결합이나 삼중결합이 한 곳 이상 가진 알켄과 알킨은 어미를 '~ene'와 '~yne'로 바꾸어 준다.

탄소 개수에 따른 알케인(alkane)의 고유명칭은 다음과 같다.

CH_4 (methane) C_2H_6 (ethane) C_3H_8 (propane) C_4H_{10} (butane) C_5H_{12} (pentane)
C_6H_{14} (hexane) C_7H_{16} (heptane) C_8H_{18} (octane) C_9H_{20} (nonane) $C_{10}H_{22}$ (decane)

지방족 유기화합물들은 대부분 탄소와 수소로 구성되어 있어서 지방족 탄화수소(aliphatic hydrocarbon)라고도 한다. 그러나 때로는 분자 내 수소 원자 자리에 할로겐 원자 혹은 알킬기(alkyl group, R)가 치환되어 있으므로 명명 시 탄소에 임의의 번호를 매겨 치환된 화학종의 위치를 표현한다. 단, 이 경우 탄소의 번호가 낮게 되도록 하는 것이 원칙이다. 알킬기는 $-C_nH_{2n+1}$의 조성을 가진 치환기를 말하며 $-CH_3$(메틸, methyl), $-C_2H_5$(에틸, ethyl), $-C_3H_7$(프로필, propyl), $-C_4H_9$(부틸, butyl) 등이 대표적이다.

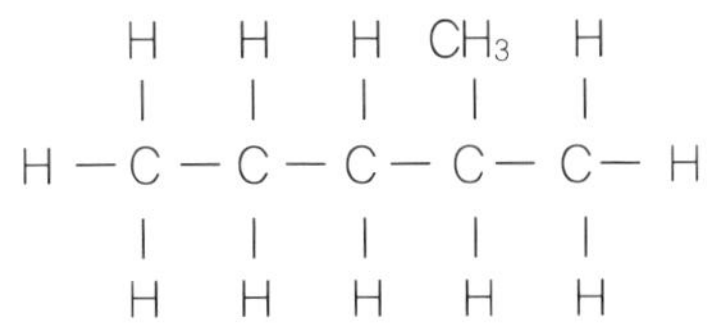

2-Methylpentane

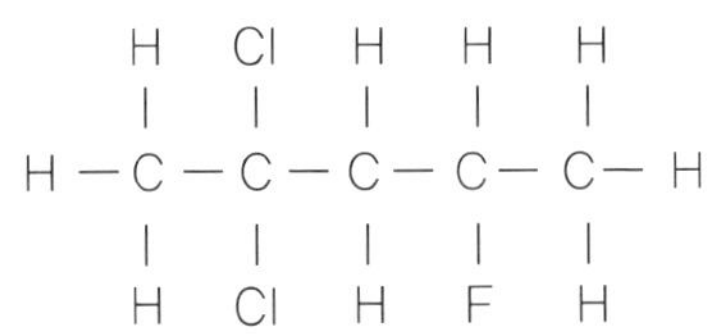

2,2-Dichloro-4-fluoro pentane

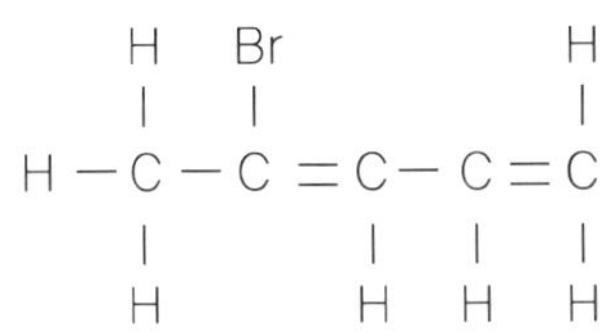

4-Bromo-1,3-pentadiene

$H-C\equiv C-C\equiv C-H$ 1,3-Butadiyne

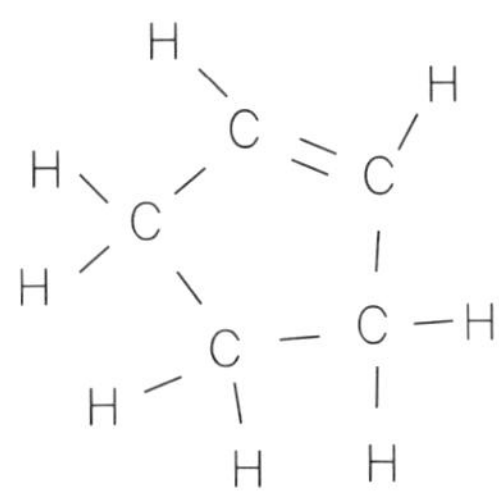

Cyclopentene

방향족 유기화합물은 고리형 화합물인 벤젠(benzene, C_6H_6) 분자가 한 개 이상 들어 있는 벤젠 유도체들을 가리킨다. 그러나 방향족 화합물들은 수소 대신 교환된 치환기의 종류에 따라 고유한 물질명이 있으며 치환기 상호간의 위치에 따라 오르토(ortho, *o*–), 메타(meta, *m*–), 파라(para, *p*–)로 구분한다.

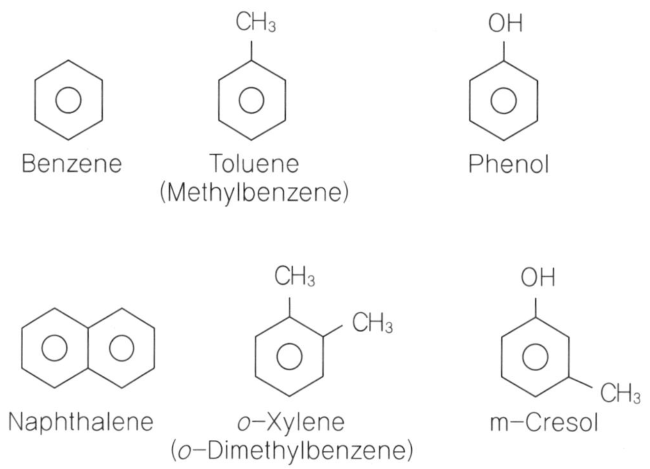

이 밖에도 유기화합물들은 독특한 구조에 따라 알코올(alcohol, R–OH), 에테르(ether, R–O–R), 케톤(ketone, R–CO–R), 알데하이드(aldehyde, R–CHO), 에스테르(ester, R–COO–R), 카복실산(carboxylic acid, R–COOH) 등으로 분류한다. 특히 알코올의 경우, 알코올기(OH)가 결합된 탄소가 몇 개의 탄소 원자와 직접적으로 결합되어 있는지에 따라 1차(primary), 2차(secondary), 3차(tertiary)로 구분하며, 2차 알코올과 3차 알코올 구조를 때로는 이소(iso)와 네오(neo)라는 접두사를 붙여 구분하기도 한다. 분자 내 각기 다른 두 개의 탄소에 한 개씩의 알코올기가 결합된 것을 ~diol 혹은 글리콜(glycol)이라 한다. 만약 세 개의 탄소에 각각 한 개씩의 알코올기가 결합되어 있으면 이름이 ~triol이 되지만 일반적으로는 글리세린(glycerin)이라고 한다. 그 밖에도 아민기(–NH_2)와 니트로기(–NO_2)

등이 소화약제에 치환기로 사용되기도 한다.

C_2H_5OH Ethylalcohol(Ethanol)

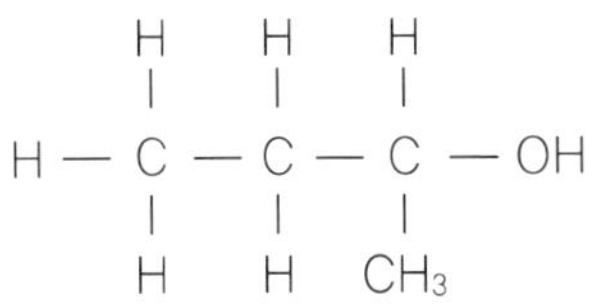

Sec-Butylalcohol

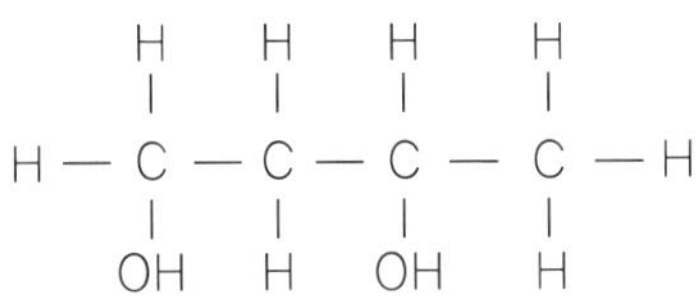

1,3 - Butanediol

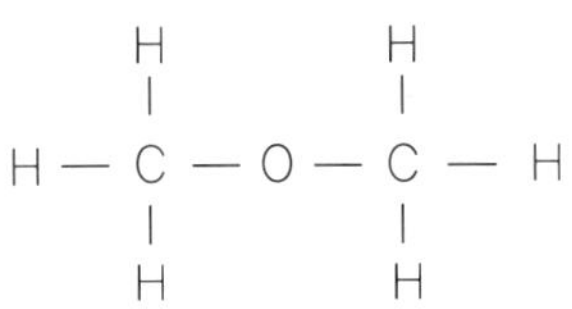

Dimethylether

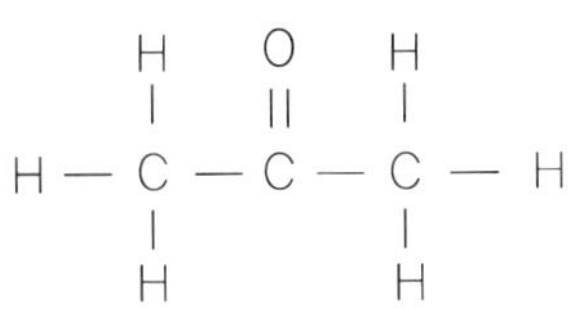

Dimethylketone
(Acetone)

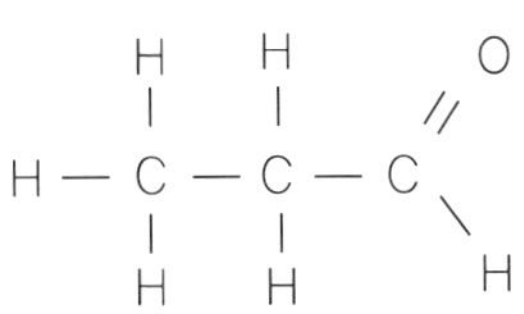

Propylaldehyde, Propionaldehyde
(Propanal)

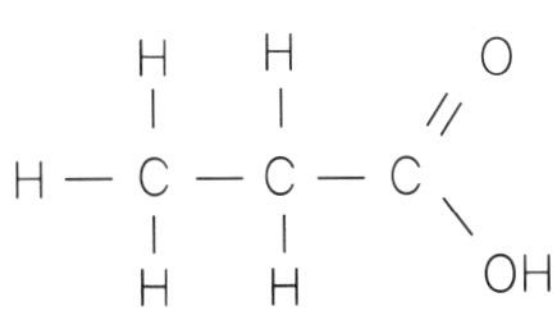

Propanoic acid
(Propionic acid)

1-1-5 물질의 화학식

자연계에 존재하는 대부분의 물질은 단체이든 화합물이든 모두 분자 상태이며, 그것을 화학적으로 표현한 것이 화학식(chemical formula)이다. 따라서 공기 중 산소는 화학식이 O가 아니라 O_2이며 질소는 N_2, 이산화탄소는 CO_2이다. 화학식은 그 물질을 구성하는 원소들의 종류와 개수뿐만 아니라 결합상태까지도 보여줄 수 있다. 화학식은 표현하는 방법에 따라 실험식(empirical formula), 분자식(molecular formula), 구조식(structural formula)으로 구분한다. 실험식은 가장 단순한 표기법으로서 분자를 구성하는 원소들의 종류와 그 상대적인 개수 비(ratio)만을 표현하지만, 분자식은 구성 원자들의 종류와 실제 개수를 나타낸다. 가장 많은 정보를 보여 줄 수 있는 구조식은 분자 내 구성원자간 결합상태까지 표현하고 있으나 표기상의 번거로움이 단점이다. 예로서 아세틸렌(Acetylene)의 화학식은 다음과 같다.

실험식	CH
분자식	C_2H_2
구조식	$H-C\equiv C-H$

예제 1-1 다음 화합물의 화학식은 물질명을, 물질명은 분자식을 표현하시오.

a) $NaHCO_3$　　b) $(NH_4)_3PO_4$　　c) CCl_4

d) 수산화제2철　　e) Methylethylketone

풀이 a) 양이온은 Na^+, 음이온은 HCO_3^-인 이온화합물

b) 양이온은 NH_4^+, 음이온은 PO_4^{3-}인 이온화합물

c) C와 Cl은 모두 비금속 원소이므로 공유화합물

d) 철(Fe)은 +2와 +3의 두 가지 전하 상태를 가지는 전이금속

e) 메틸은 $-CH_3$, 에틸은 $-C_2H_5$, 케톤은 $-CO-$

정답 a) 중탄산나트륨(sodiumbicarbonate), 혹은 중탄산소듐
b) 인산암모늄(ammoniumphosphate)
c) 사염화탄소(carbontetrachloride)
d) $Fe(OH)_3$
e) $C_3H_8O(H_3CCOC_2H_5)$

1-1-6 계면활성제

공기포 소화약제에 사용되는 다양한 포 원액 속에는 대부분 계면활성제(surfactant) 성분이 들어 있다. 물과 기름과 같이 섞이지 않는 두 물질 사이의 계면에너지를 줄여 두 물질이 잘 혼합되도록 해주는 것이 계면활성제이다. 계면활성제의 일반적 용도는 비누와 같은 세정제뿐만 아니라 유화제, 윤활제, 대전방지제 등으로 이용되지만 소화약제로서의 기능은 거품을 발생시키는 발포제(foaming agent)가 주된 용도이고, 일부는 안정제(stabilizer)로도 사용한다. 계면활성제는 분자 내 길이가 길고 소수성(hydrophobic)을 띤 탄화수소 부분과 길이가 짧고 친수성(hydrophilic)을 띤 금속염(metal salt) 부분을 동시에 가지고 있다. 계면활성제의 종류는 친수성기의 특성에 따라 양이온계(cationic), 음이온계(anionic), 비이온계(nonionic), 양쪽성이온계(zwitter ionic)로 구분되며 음이온계 계면활성제가 소화약제에 발포제로 주로 이용된다. 실제 소화약제로 사용되는 음이온계 계면활성제는 알코올 황산에스테르염($R-OSO_3M$)이나 카복실산염(R-COOM)이 대표적이며 이외도 설폰산염($R-SO_3M$)이나 인산에스테르염($R-OPO_3M$) 등이 있다. 계면활성제의 공통적 분자 구성 성분으로 들어있는 R은 소수성 알킬기를 가리키는데 탄소 원자의 개수가 적어도 5 ~ 10개 이상이다. 실제로 알코올형포소화약제의 제조에 이용되는 알킬기인 라우릴알코올(lauryl alcohol)은 탄소 원자의 개수가 12개

이며, 비이온성 계면활성제 원료로 들어가는 솔비톨(sorbitol)의 탄소 개수는 6개이다. M은 금속을 상징하며 알칼리금속(alkali metal)인 나트륨(Na)과 칼륨(K)이 대표적이다.

1-2 산과 염기

산(acid)과 염기(base)의 반응을 통해 소화작용을 나타내는 소화약제가 산알칼리 소화약제이다. 또한 여러 종류의 소화약제들에서 진행되는 화학반응을 이해하기 위해서는 산과 염기의 특성을 이해하는 것이 필요하다.

1-2-1 산과 염기의 정의

무엇이 산이며 염기인지를 정의하는 관점은 세 가지이다. 즉 아레니우스(Arrhenius), 브뢴스테드(Brönsted)와 로우리(Lowry), 루이스(Lewis)의 개념이다.

표 1-3 산과 염기의 개념

	산(acid)	염기(base)
아레니우스	H^+ 이온을 내어놓는 물질	OH^-이온을 내어놓는 물질
브렌스테드 & 로우리	H^+ 이온을 내어놓는 물질	반응에서 H^+를 받아들이는 물질
루이스	반응에서 전자쌍을 받는 물질	반응에서 전자쌍을 내어 놓는 물질

아레니우스와 브뢴스테드 개념에서 산은 수소 이온을 내어 놓는 물질이므로 수용액 중에서 히드로늄이온(H_3O^+)의 농도를 증가시키는 물질이다. 그리고 염기는

수산화이온(OH^-)의 농도를 증가시키거나 화학반응을 통해 히드로늄이온을 받아들이는 물질이다. 그러나 루이스 개념의 산과 염기는 확장된 정의로서, 화학반응에서 전자쌍의 이동으로 규정하며 화학반응을 통해 전자쌍을 받아들이면 산(acid), 전자쌍을 제공하면 염기(base)이다.

흔히 'B산(B acid)'이라 하면 브뢴스테드 개념에서의 산 역할 물질을 의미하며, 'L산(L acid)'이라고 하면 루이스 개념으로서의 전자쌍 수용체를 가리킨다. 마찬가지로 'B base' 혹은 'L base'라는 용어도 산-염기 개념에서 흔히 잘 사용된다. 그리고 '염기(base)'라는 학문적 용어는 관습적으로 '알칼리(alkali)'라고 표현하는 경우가 많다.

1-2-2 수용액의 산성도

단백포소화약제의 제조 과정에서는 중화공정이 포함되어 있다. 즉, 단백질을 가수분해(hydrolysis)하기 위해 투여된 물질로 인한 용액의 염기성을 산성 용액의 첨가를 통해 중화하는 과정이다. 그것은 산성용액과 염기성용액을 반응시켜 서로의 특성을 나타내지 못하게 하는 과정이다.

수용액 속에는 항상 산성을 나타내는 수소이온(H^+)과 염기성을 나타내는 수산화이온(OH^-)이 공통적으로 들어 있다. 오염이 없고 중성인 물속에도 반드시 두 이온은 존재한다. 이것이 물의 자체이온화(autoionization)이다. 순수한 물이라도 아주 일부분의 물분자가 스스로 해리(dissociation)되어 수소이온과 수산화이온을 생성하기 때문이다. 실제로 1기압 25°C에서는 두 이온의 농도곱(ion product)은 항상 10^{-14} M이다. 완전히 중성인 경우에는 물속의 수소이온 개수와 수산화이온의 개수가 같아야 하므로 각각의 농도는 1×10^{-7} M이어야 한다. 그러나 수용액이 산성인 경우에는 수소이온의 개수가 수산화이온의 개수보다 많아야 하고, 염기성의 경우에는 그 반대이다.

$$[H^+]\ [OH^-] = 1 \times 10^{-14}M\ (25^\circ C) \qquad (식\ 1\text{-}1)$$

$$중성 : [H^+] = [OH^-] = 1 \times 10^{-7}M \qquad (식\ 1\text{-}2)$$

$$산성 : [H^+] > [OH^-]$$
$$[H^+] > 1 \times 10^{-7}M,\ [OH^-] < 1 \times 10^{-7}M \qquad (식\ 1\text{-}3)$$

$$염기성 : [H^+] < [OH^-]$$
$$[H^+] < 1 \times 10^{-7}M,\ [OH^-] > 1 \times 10^{-7}M \qquad (식\ 1\text{-}4)$$

모든 수용액의 산성도를 나타내는 기준은 산지수(pH)이며, 염기지수(pOH)와는 다음의 관계가 있다. 그러므로 pH는 그 크기가 1이 감소할 때마다 산성은 10배 커진다.

$$pH = -\log\ [H^+] \qquad (식\ 1\text{-}5)$$

$$pOH = -\log\ [OH^-] \qquad (식\ 1\text{-}6)$$

$$pH + pOH = 14\ (25^\circ C) \qquad (식\ 1\text{-}7)$$

$$산성 : pH < 7,\ pOH > 7\ (25^\circ C) \qquad (식\ 1\text{-}8)$$

$$중성 : pH = pOH = 7\ (25^\circ C) \qquad (식\ 1\text{-}9)$$

$$염기성 : pH > 7,\ pOH < 7\ (25^\circ C) \qquad (식\ 1\text{-}10)$$

예제 1-2 25℃ 대기압 하의 수용액 내 수산화이온의 농도가 2×10^{-5} M이라면 이 용액의 pH는 얼마인가? (소수점 아래 첫째 자리까지만 표기)

풀이 (식 1-1)에서 $[OH^-]$가 2×10^{-5} M이므로 $[H^+]$는 5×10^{-10} M이 된다.
그러므로 이것을 (식 1-5)에 대입하면 pH는 9.30이다.

정답 9.3

1-3 물질의 양

포소화약제의 희석 시 발포비와 관련된 포 원액의 농도는 정확하게 제조해야 한다. 이와 같이 소화약제에 사용되는 물질의 양을 다루기 위해서는 화학양론적인 부분을 먼저 이해함이 필요하다.

1-3-1 몰과 몰질량

물질의 양을 화학양론적으로 나타낼 때 가장 보편적으로 사용하는 단위가 몰(mole)이다. 몰은 아보가드로수(Avogadro's number, N_A), 즉 6×10^{23}개 만큼의 양이다. 0.5몰의 드라이아이스는 3×10^{23}개의 이산화탄소 분자로 구성되어 있으며, 1.2×10^{24}개의 산소기체는 2몰의 O_2기체를 가리킨다.

물질이 가지는 1 mol의 무게를 각각의 몰질량(molar mass)이라 하는데, 몰질량은 물질마다의 고유한 값이며 상대적으로 클 경우 "밀도(density)가 크다" 혹은 "비중(specific gravity)이 크다"라고 표현한다. 몰질량의 실제적인 크기는 그 물질의 화학식량(formula weight)에 그램(gram, g)을 붙여 주면 된다. 모든 물질은 분자로 구성되어 있으므로 분자를 이루는 원자들의 원자량을 합한 값이 화학식량이 된다. 원자량은 〈그림 1-2〉의 주기율표에 각 원소별로 나타나있다. 원자 한 개 혹은 분자 한 개의 무게는 지극히 가벼워서 원자질량단위(atomic mass unit, amu)로 표현하지만, 1 mol은 많은 개수이므로 amu가 g으로 바뀌게 된다. 예를 들어 1 mol의 CO_2는 한 개의 탄소와 두 개의 산소로 구성된 분자이므로 각 원자의 원자량을 합한 화학식량은 44 amu가 된다. 따라서 이산화탄소의 몰질량은 44 g이다.

예제 1-3 6 g의 물(H_2O)은 몇 개의 분자로 구성되어 있는가?

풀이 물의 화학식량은 18 amu이므로 몰질량은 18 g이다. 그러므로 6 g은 $\frac{1}{3}$ mol

정답 2×10^{23} 개 혹은 $\frac{1}{3}$ 몰

1-3-2 질량과 부피

소화약제의 제조와 운용 시 물질들을 정확히 계량하기 위해서는 질량(mass)과 부피(volume)에 대한 통일된 단위 사용이 필수적이다. 국가와 지역에 따라 물리량에 대한 도량형 단위가 다르지만 국제표준단위체계인 SI단위를 기준으로 다루는 것이 필요하다. SI단위계에서 질량의 기준 단위는 그램(g)이며 부피는 입방미터(m^3)이다. 무게 환산 시 접두사로 사용되는 k(kilo, 킬로)와 M(mega, 메가)는 각각 천 배와 백만 배를 의미한다. 부피는 관습적으로 사용하는 단위가 L(liter, 리터)인데 SI 단위로서의 동일한 크기는 1000 cm^3과 1×10^{-3} m^3이다.

물체의 질량과 부피의 관계를 표현하는 단위로서 밀도는 단위 부피에 대한 질량의 크기를 의미하며 그 크기가 클수록 상대적으로 무겁다. SI단위로는 g/cm^3

이 있고 소화약제에 사용되는 관습단위로는 kg/L가 있다. 비중(specific gravity)은 물의 밀도에 대한 특정 물질의 밀도비를 표현하는 것이어서 비율만이 있고 단위는 없다. 예를 들어 진한 황산의 밀도가 1.84 g/cm^3이라면 비중은 1.84이다.

소화약제의 질량과 부피의 상관관계를 나타내는데 사용되는 용어로는 비체적(specific volume), 충전비(filling ratio), 충전밀도(filling density), 겉보기비중(apparent specific gravity) 등이 있다. 비체적과 충전비는 각각 m^3/kg과 L/kg을, 겉보기비중과 충전밀도(filling density)는 kg/L를 나타낸다. 실제로 가스계소화설비 중 할로겐화합물소화약제 설비의 규정항목인 충전밀도(filling density)는 그 단위가 kg/m^3로서 저장용기 내 소화약제의 밀도를 표현한다. 그러나 이산화탄소와 할론소화약제의 경우, 각각 밀도 단위의 역수인 L/kg(충전비, filling ratio)과 m^3/kg(비체적, specific volume)으로 소화약제 저장용기나 설비 내 소화약제의 양을 표현한다. 소화약제의 용기 내 저장량을 표현하는데 있어서의 이런 차이는 이산화탄소와 할론소화약제의 경우 일본소방법의 기준을, 그리고 할로겐화합물 및 불활성기체소화약제의 경우는 미국 NFPA(National Fire Protection Association)의 기준을 기초로 하였기 때문이다.

1-3-3 백분율 농도

포소화약제를 비롯한 많은 소화약제의 제조와 혼합 시 정량적인 부분에 가장 많이 사용되는 농도 단위가 백분율농도(percent concentration)이다. 백분율농도는 무게백분율(weightpercent, wt.%)농도와 부피 백분율(volume percent, vol.%)농도가 있다. 이것은 물질의 전체 질량이나 부피에 대한 그 속에 내포된 특정 성분의 질량이나 부피의 백분율을 의미한다. 즉, 1000 g의 바닷물 속에 35 g의 염분이 녹아 있다면 3.5 wt.%가 된다. 부피의 경우도 마찬가지로 대기 중 산소 기체의 비율이 21 vol.%라고 한다면 1 L의 공기 속에는 210 mL의 산소가 들어 있다는 것이다. 백분율농도는 일반적으로 용액 내 용질의 질량이나 부피의 크기를 나타낸다고 말할 수 있다.

1-3-4 몰농도

몰농도(molarity, M)는 용액의 부피에 대한 용질의 몰(mole)수로 표현하는 농도 단위이며 특정 농도의 용액 제조와 혼합 시 보편적으로 사용된다.

$$\text{몰농도(M)} = \frac{\text{용질 mol 수}}{\text{용액 1 L}} \qquad \text{(식 1-11)}$$

예제 1-4 10 g의 수산화나트륨(NaOH)이 녹아 있는 500 mL 수산화나트륨 수용액의 농도는 몇 M 인가?

풀이 수산화나트륨의 몰질량이 40 g이므로 용액 1 L 속에 40 g이 있으면 농도가 1 M이 된다. 그러나 실제 용액은 500 mL 속에 10 g이 있으므로 1 L 속에는 20 g이 있는 것과 같다. (식 1-11)에 따라 용액 1 L에 대한 용질의 몰수가 0.5 mol이므로 농도는 0.5 M이 된다.

정답 0.5 M

1-3-5 몰랄농도

몰랄농도(molality, m)는 몰농도와 유사하나 용액이 아닌 용매 무게에 대한 용질의 몰수로 표현되는 농도 단위이다. 실제로 용액의 총괄성(colligative property)을 결정하는 농도를 나타낼 때 많이 이용된다. 용액의 총괄성은 용액이 종류와 무관하게 가지는 공통된 성질로서 순수 용매일 때에 비해 용액을 형성함으로써 나타나는 현상들, 즉 증기압강하(vapor pressure depression), 끓는점오름(boiling point elevation), 어는점내림(freezing point depression), 삼투압(osmotic pressure) 등을 가리킨다.

$$\text{몰랄농도(m)} = \frac{\text{용질 mol 수}}{\text{용매 1 kg}} \qquad \text{(식 1-12)}$$

1-3-6 노르말농도

노르말농도(Normality, N)는 흔히 당량농도(equivalence concentration)라고 하며 산성 용액과 염기성 용액의 농도를 표현하는데 많이 사용되는 농도 단위이다. 산의 성질은 대부분 수소이온(H^+)의 개수에 의해 결정되므로 한 분자 내 이온화할 수 있는 수소 원자의 개수가 산농도 결정에 중요하다. 또한 염기성에서는 수산화이온의 개수가 마찬가지로 염기성의 크기를 결정한다. 따라서 분자의 개수만을 나타내는 몰(mol)수로는 실제적인 산염기 용액의 농도를 정확히 표현할 수 없다. 그러므로 노르말농도는 몰수만을 고려하는 몰농도와 몰랄농도와는 달리 한 분자가 제공 가능한 수소이온의 개수와 수산화이온의 개수를 표현함으로써 겉보기가 아닌 실제적인 산-염기의 농도를 나타내는 방법이라 할 수 있다. 예를 들어, HCl 한 분자가 수용액 내에서 제공하는 산성은 수소이온 한 개에 의한 것이다. 이와 같이 분자의 개수를 의미하는 몰(mol)과 실제적인 산성이 일치하는 경우, 산용액의 농도는 몰농도와 노르말농도가 동일하다. 그러나 H_2SO_4의 경우 황산 분자는 한 개이지만 물속에서 산성을 나타내는 수소이온의 개수는 두 개가 된다. 즉, 용액의 실제적인 산성 농도는 분자 개수를 의미하는 몰수보다 두 배가 된다. 이와 같이 용액 내 실제적인 농도를 지배하는 이온의 개수가 당량이다.

$$\text{노르말농도(N)} = \frac{\text{용질 당량수}}{\text{용액 1 L}} \qquad \text{(식 1-13)}$$

예제 1-4 98 g의 인산(H_3PO_4)이 녹아 있는 500 mL 인산수용액의 산농도는 몇 N 인가?
(단, 인산의 몰질량은 98 g이며 물속에서 완전히 용해되었다고 가정할 것)

풀이 인산의 몰질량이 98 g인데 용액 1 L 속에는 두 배인 196 g이 녹아있으므로 2 mol이 된다. 또한 인산 분자 한 개가 물속에서 완전히 용해되면 세 개의 수소 이온이 발생할 수 있으므로 3당량이 된다. 따라서 1 L 인산수용액의 실제 산성은 6당량이다. 그러므로 (식 1-13)에 의해 이 용액의 산 농도는 6 N이 된다.

정답 6 N

1-3-7 ppm과 ppb

ppm(parts per million)농도와 ppb(parts per billion)농도는 매우 묽은 농도를 표현하는 단위로서 각각 백만분의 일과 십억 분의 일을 나타낸다. ppm은 실제적으로 1 L 물속에 들어있는 특정 성분의 mg수를 의미하며, 혼합 기체 1 m^3 부피 속에 들어있는 특정 성분 기체 mL수는 ppb가 된다. ppm과 ppb는 액체 상태의 용액에도 사용되지만 대기 오염물질과 같이 희박한 농도와 인체에 유해한 물질의 농도 표현에 많이 이용된다. 인체에 유해한 기체 종류들 중에는 일정 농도 이상에서 장시간 호흡할 경우 건강에 위협을 줄 수 있는 성분들도 있으므로 각각에 맞는 안전 기준 농도의 설정이 필요하다. 허용농도(Threshold Limit Value, TLV)는 이런 기준 농도로서 가장 대표적이며 대부분 ppm으로 규정되어 있다. 작업장허용농도라고 알려진 시간가중치평균허용농도(Threshold Limit Value -Time Weighted Average, TLV-TWA)는 하루 8시간 동안 작업을 하는 경우에도 위험하지 않을 농도이며 가장 보편적인 허용농도이다. 허용농도는 그 값이 작을수록 인체에 대한 독성이 강한데 가스상 소화약제로 사용되는 이산화탄소의 경우는 5000 ppm이다.

표 1-4 기체들의 허용농도(TLV)

물질명	화학식	TLV(ppm)
이산화탄소	CO_2	5000
일산화탄소	CO	100
이황화탄소	CS_2	200
이산화황	SO_2	5
플루오르화수소	HF	3
염소	Cl_2	1

연습문제

01 'compound' 용어의 개념을 정리하라.

02 '균일혼합물'과 동일한 의미를 한글 두 음절로 표현한다면?

03 〈표 1-1〉을 참고로 하여 물과 할로겐화합물소화약제들을 냉각소화작용이 큰 순서로 나열한다면?

04 일반적 조건에서 취급할 수 있는 할로겐족 원소들을 원자의 크기에 따라 나열하시오.

05 준금속원소를 4개 이상 열거하시오.

06 다음의 물질명은 구조식으로, 화학식은 물질명을 밝히시오.

a) trinitrotoluene

b) isopropylalcohol

c) $HClO_4$

d) $H_2C{=}CH{-}CH{=}CH_2$

07 계면활성제의 정의를 말하고 가장 많이 사용되는 소화약제의 종류는?

08 pH = 3.5인 오렌지 주스의 수소이온농도는 몇 M인가? (소수점 아래 다섯째 자리까지만)

09 산과 염기의 개념을 정리하시오.

10 농도 단위로 0.0005 wt.%는 몇 ppm인가?

제 2 장

연소와 소화

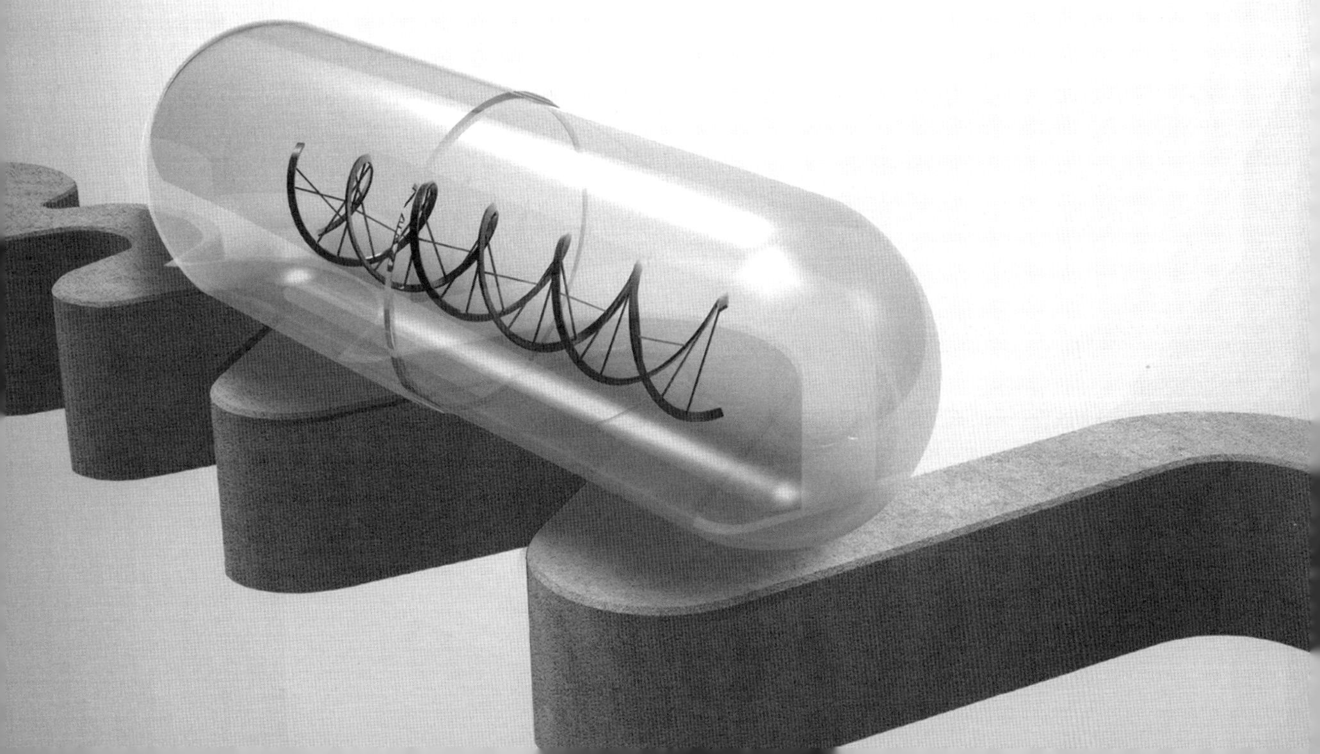

2-1 연소와 화재

물질의 연소(combustion)는 가연물(combustible)이 공기 중의 산소(oxygen, O_2)와 반응하여 빠르게 산화(oxidation)되는 화학반응으로서 열(heat)과 빛(light)을 동반한다. 그러나 화재(fire)는 원치 않는(unwanted) 연소 현상을 가리키며 인간의 신체 또는 재산상의 손해를 수반한다.

화재는 가연물의 종류와 발화원에 따라 명칭을 구분한다. 일반 가연물에 의한 화재를 A급화재(일반화재), 유류 또는 인화성 액체가 가연물인 경우를 B급화재(유류화재), 전기가 발화원과 관련 있으면 C급화재(전기화재), 가연성 금속류의 화재로서 금속이 가연물이나 발화원으로 작용하면 D급화재(금속화재)로 분류한다. 외국의 경우 여기에 가연성 기체가 가연물인 E급화재(가스화재)를 별도로 구분한다.

2-2 연소의 요소

연소반응이 시작되고 지속되기 위해 필수적으로 필요한 요소는 가연물, 산소, 점화원(ignition energy), 연쇄반응(chain reaction)이다. 따라서 이 네 가지 요소 중 한 개라도 빠지면 연소는 진행되지 않는다. 그러므로 모든 소화작용과 소화약제들이 이 네 가지 연소의 요소들과 연관되어 있으며 이를 제어하는 역할을 한다.

2-2-1 가연물

가연물은 연소가 가능한 물질이므로 산소와 반응할 수 있어야 하며 연소 시 지속적인 발열과정(exothermic process)을 나타낸다. 이 발열과정은 일반적으로 화염을 동반하고 있으나 고체 가연물 중에는 화염을 동반하지 않는 무염연소(nonflammable combustion)가 진행되는 경우도 있다. 가연물은 기체, 액체, 고체 3상이 모두 가능하며, 고체 가연물 중 분자 내 산소 원자를 가진 자기반응성 물질은 공기 중 산소의 존재와 무관하게 연소반응이 진행된다.

표 2-1 기체 가연물의 폭발범위

물질명	화학식	폭발범위(Vol. %)
아세틸렌	C_2H_2	2.5~81
산화에틸렌	C_2H_4O	3~80
수소	H_2	4.0~75
일산화탄소	CO	12.5~74
아세트알데히드	CH_3CHO	4.1~57
디에틸에테르	$(C_2H_5)_2O$	1.9~48
이황화탄소	CS_2	1.2~44
황화수소	H_2S	4.3~45
메틸알코올	CH_3OH	6.7~36
암모니아	NH_3	15~28
메탄	CH_4	5.0~15
아세톤	C_3H_6O	3.0~13
프로판	C_3H_8	2.1~9.5
부탄	C_4H_{10}	1.8~8.5
벤젠	C_6H_6	1.4~7.1

기체 가연물은 공기 중 산소와의 혼합이 상대적으로 용이하여, 연소 시 생성되는 화염의 형태는 가연물의 확산속도와 발열량에 의해 결정된다. 따라서 기체 가연물에 의한 연소반응을 확산연소(diffusion combustion)라고 한다. 이런 관점에서 폭발은 비정상적인 연소 형태라고 할 수 있으며 발열량에 비해 연소확산속도

가 상대적으로 매우 큰 경우이다. 기체 가연물은 공기와 혼합 시 가연물의 종류에 따라 고유의 연소가능농도를 가진다. 이를 연소범위(flammability range)라고 하며 연소상한계(flammable upper limit)와 연소하한계(flammable lower limit) 사이의 영역을 가리킨다. 연소하한계 아래쪽 영역에서는 가연물양의 절대적 부족으로, 연소상한계 위쪽 영역에서는 고농도 가연물 기체에 의한 산소 기체의 상대적 부족으로 인해 연소가 불가능하다. 또한 기체 가연물은 연소범위 내 농도 영역에서 연소가 진행될 때에도 폭발과 같은 비정상연소 형태를 나타내는 경우가 많아서 연소범위를 흔히 폭발범위(explosive range)라고도 한다.

액체 가연물은 일반적으로 증발 과정을 거쳐 연소반응이 진행된다. 그러므로 연소속도는 증발 속도를 결정하는 가연물 고유의 증발특성과 액체 표면적의 크기에 영향을 받는다. 엄밀히 말해 액체 가연물의 연소는 액체에서 기체로의 증발과정과 기체 상태에서 확산과정으로 이루어지는 두 경로에 의존한다고 할 수 있다.

고체 가연물은 열에 의해 가연물로부터 분해된 가연성 기체가 연소되는 분해연소가 대표적인 연소과정이지만 표면연소의 형태로 진행되는 경우도 있다. 분해연소는 가연물 중 열에 의해 분해된 가연성 기체가 산소와 반응하는 형태이므로 고체 가연물이 기체 상태로 바뀌는 열분해(pyrolysis)과정과 기체 상태에서의 확산(diffusion)과정이 연속적으로 진행된다. 그러나 표면연소는 고체 가연물 표면에서 진행되는 연소형태로서 열분해과정 없이 표면의 탄소 성분 등이 공기 중 산소와 직접 산화반응을 일으키는 경우이다. 그러므로 이를 직접연소(direct combustion)라고 하는데, 일반적으로는 연소과정에서 화염을 동반하지 않고 무염연소로 진행된다. 그러므로 이런 표면연소는 숯이나 코크스 등의 연소가 대표적인 예이며 예열분해과정에서 큰 에너지가 필요 없으므로 연소가 쉽게 시작될 수 있고, 연쇄반응이 연소반응의 절대적 지배인자로 작용하는 것은 아니라는 점이 특징적이다.

2-2-2 산소

대기 중 산소 기체의 농도는 건조한 공기의 부피 기준으로 21% 정도이다. 가연물의 종류에 따라 연소에 필요한 산소 농도는 각기 다르지만 일정한 농도 범위 내에서는 연소가 가능하다. 그러나 제5류 위험물인 유기과산화물이나 니트로화합물과 같은 자기반응성 물질들은 분자 내 산소 원자를 가지고 있어서 연소에 필요한 산소 기체가 공기 중에 부족하더라도 스스로 산소를 발생하여 연소를 진행할 수 있는 물질이다. 또한 염소산염류와 질산염류와 같은 고체 산화제나, 황산이나 질산 같은 액체 산화제들은 물질 자체는 불연성이지만 분자 내 공통적으로 산소 원자를 가지고 있어서 주변 가연물의 연소를 도울 수 있다.

가스상 소화약제인 이산화탄소는 불연성 기체의 희석 작용을 통해 산소 농도를 연소가능 범위 이하로 떨어뜨려주는 역할을 한다.

2-2-3 점화원

점화원은 연소반응이 시작되기 위해 필요한 에너지를 가리키며, 가연물이 빠른 산화반응을 시작할 수 있도록 활성화시키는 활성화에너지(activation energy)원이다. 따라서 점화원은 최소발화에너지 이상의 크기를 가져야 하며 에너지원으로서 그 종류는 크게 화학열(chemical heat), 기계열(mechanical heat), 전열(electric heat)의 세 형태가 있다. 화학열은 화학반응에 동반된 발열량을 가리키며 대표적인 점화원이라 할 수 있다. 자연발화의 경우도 화학열에 의한 경우가 대부분이다. 기계열은 기계적인 마찰열이 대표적이며 전열은 도선에 흐르는 전류의 저항에 의한 발열을 의미한다.

물이 소화약제로 사용되는 가장 큰 효과는 냉각소화작용이며 연소 환경의 온도를 떨어뜨려 줌으로써 미연소 가연물으로의 점화원 공급을 지속적으로 차단하는 역할이라 할 수 있다.

2-2-4 연쇄반응

연쇄반응은 연소반응이 시작된 후 그 과정을 지속시키는 연결반응이다. 연소반응도 산화반응이라는 화학반응이므로 반응물이 생성물로 바뀌는 전이단계(transition state)로서 반응중간단계(reaction intermediate step)를 거쳐야 한다. 이 중간단계에서의 물질은 활성화된 복합체(activated complex) 상태이며 에너지가 매우 높고 구조적으로 불안정하다. 그러나 이 중간체들이 연결고리의 역할을 함으로써 반응은 지속적으로 진행될 수 있게 된다. 이런 연쇄반응은 활성화된 복합체의 생성과정인 연쇄개시단계(chain initiation step), 활성화복합체가 전달되고 확산되는 연쇄전파단계(chain propagation step), 활성화물끼리의 상호반응을 통해 활성이 소멸되는 연쇄종결단계(chain termination step)의 세 단계로 진행된다.[3)]

화염이 형성되는 일반적인 연소반응에서는 대표적인 활성화물이 수소라디칼(hydrogen radical, •H), 수산화라디칼(hydroxyl radical, •OH), 알킬라디칼(alkyl radical, •R) 등이 있으며 이외도 •HO_2 등 다양한 상태의 활성화물들이 알려져 있다.[4)] 연쇄반응의 진행에 관한 대표적인 단계는 다음과 같은 반응을 예로 들 수 있다.[5)]

개시단계

알케인(C_nH_{2n+2}) → 알킬라디칼(•C_nH_{2n+1}) + 수소라디칼(•H) (식 2-1)

$CH_4(g) \rightarrow \bullet CH_3(g) + \bullet H(g)$ (식 2-2)

---

3) 김명철, 『소방화학』, 녹문당(서울), p.104(2012).

4) S.R. Turns, 『An Introduction to Combustion』, 3rd ed., McGraw·Hill(New York), pp.149 ~ 150(2012).

5) Eugene Meyer, 『Chemistry of Hazardous Materials』, Pearson(Boston), pp.176 ~ 178 (2010).

전파단계

수소라디칼(•H) + 산소 기체 → 수산화라디칼(•OH) + 산소원자 (식 2-3)

$$\bullet H(g) + O_2(g) \rightarrow \bullet OH(g) + O(g) \quad (식\ 2\text{-}4)$$

알케인(C_nH_{2n+2}) + 수산화라디칼(•OH) → 수증기 + 알킬라디칼($\bullet C_nH_{2n+1}$) (식 2-5)

$$CH_4(g) + \bullet OH(g) \rightarrow H_2O(g) + \bullet CH_3(g) \quad (식\ 2\text{-}6)$$

알케인(C_nH_{2n+2}) + 수소라디칼(•H) → 알킬라디칼($\bullet C_nH_{2n+1}$) + 수소 기체 (식 2-7)

$$CH_4(g) + \bullet H(g) \rightarrow \bullet CH_3(g) + H_2(g) \quad (식\ 2\text{-}8)$$

종결단계

알킬라디칼($\bullet C_nH_{2n+1}$) + 수소라디칼(•H) → 알케인(C_nH_{2n+2}) (식 2-9)

$$\bullet CH_3(g) + \bullet H(g) \rightarrow CH_4(g) \quad (식\ 2\text{-}10)$$

알킬라디칼($\bullet C_nH_{2n+1}$) + 알킬라디칼($\bullet C_nH_{2n+1}$) → 알케인(C_nH_{2n+2}) (식 2-11)

$$\bullet CH_3(g) + \bullet CH_3(g) \rightarrow H_3C\text{-}CH_3 \quad (식\ 2\text{-}12)$$

연소반응에서 연쇄반응을 진행시키는 활성화물의 생성과 전파를 억제하고 차단하는 소화작용을 부촉매소화(또는 억제소화, 화학소화)라고 한다. 부촉매소화작용을 나타내는 소화약제로는 할론소화약제와 할로겐화합물소화약제가 대표적이다. 그러나 연소반응이 화염을 발생시키지 않는 무염연소로 진행될 경우에는 반응의 속도를 지배하는 인자가 수소라디칼 또는 수산화라디칼 농도가 아니므로 부촉매소화작용이 효과적이지 않다.

2-3 소화원리

연소반응을 인위적으로 저지하거나 종결시키는 과정을 소화(extinguishment)라고 한다. 따라서 소화의 목적을 달성하기 위한 방법과 과정은 소화작용(extinguishing action), 사용되는 물질은 소화약제(extinguishing agent)이다. 소화작용의 원리는 기본적으로 연소의 요소들과 관련이 있으며 네 요소 중 적어도 한 가지 이상의 요소를 제어하는 방법이라 할 수 있다. 가연물, 산소, 점화원, 연쇄반응과 관련된 대표적 소화법은 각각 제거소화, 질식소화, 냉각소화, 부촉매소화를 들 수 있으나 이외도 유화소화, 희석소화, 방진소화, 피복소화, 탈수소화 등의 소화작용이 있다. 특정 소화약제가 나타내는 소화효과는 소화의 원리 중 특징적인 주된 원리가 지배적으로 작용하기는 하지만 실제적인 효과를 고려한다면 여러 소화원리가 복합적으로 작용하는 경우가 대부분이다.

2-3-1 제거소화

제거소화는 가연물의 양을 제어하는 소화법이다. 화재 현장에서 가스배관의 밸브를 잠근다든가 촛불을 불어 끄는 행위가 모두 여기에 해당된다. 이와 같이 연소반응으로부터 가연물을 제거하거나 격리하는 물리적인 방법이 제거소화이다. 따라서 제거소화를 위한 소화약제는 특별한 물질이 있을 수 없다. 다만 화재 현장에서 소화용수로 물을 주수할 때 물줄기 모양(봉상, rod type)으로 공급하면 가연물이 타격되어 점화원으로부터 가연물이 분리되는 것이 제거소화의 특별한 예라 할 수 있다.

물질 고유의 발열량에 따른 차이는 있으나 가연물의 양은 연소반응의 발열량과 직접적으로 비례한다. 그러므로 제거소화는 연소속도와 화재확산속도를 일차적으로 제어하는 소화법이다. 다만 물질 고유의 발열량은 화재하중(fire load)과 관련이 있다. 화재하중은 특정 공간 내 들어있는 물질들의 연소 시 발생되는 단위면적당 평균 열량을 의미하며, 동일 열량을 발생시키는 목재의 무게로 환산한 수치이다. 이것은 특정 용도의 공간을 구성하는 건축재의 종류와 그 공간용도에 따라 채워진 내부 가연물의 종류와 양에 의해 결정된다.

표 2-2 건축물 용도와 화재하중

종류	화재하중(kg/m^2)
숙박시설	5 ~ 15
병원	10 ~ 15
사무실	10 ~ 20
가정용 주택	30 ~ 60
상업용 공간	100 ~ 200
도서관	250
창고	200 ~ 1000

2-3-2 냉각소화

냉각소화는 연소반응의 온도를 전체적으로 낮추어 줌으로써 점화원 에너지의 생성과 공급을 차단하는 소화법이다. 또한 낮은 온도를 통한 연쇄반응 활성화물들의 생성과 활성을 억제하는 것도 냉각소화작용의 큰 역할이다. 그리고 연소반응의 환경을 냉각하는 것은 액체 가연물의 증발이나 고체 가연물의 열분해 속도를 낮추어줌으로써 연소 환경 내 가연물 농도를 감소시키는 효과가 있다.

물이 냉각소화에 가장 널리 사용되는 물질이지만 포소화약제와 할로겐화합물소화약제 등 거의 모든 종류의 소화약제는 부분적으로 냉각소화작용을 가진다. 물이 가지는 큰 냉각작용은 비열과 증발열이 상대적으로 매우 크기 때문이며, 사용상의 비용도 저렴하다는 점이 실제적인 운용상의 가장 큰 장점이라 할 수 있다.

2-3-3 질식소화

질식소화는 가연물 주위의 산소 농도를 낮추어줌으로써 연소반응이 더 진행될 수 없도록 하는 소화법이다. 그러므로 질식소화는 연소의 요소들 중 산소와 관련된 소화법이며 다양한 물질들이 이용된다. 관련된 소화법으로는 이산화탄소 기체를 분사하는 설비가 가장 대표적이며 모래와 분말소화약제 같은 비가연성 고체 가루를 뿌려주는 것도 한 방법이다.

고체 가연물에서 연소가 지속될 수 없는 공기 중 산소 농도는 일반적으로 15% 이하이지만 액체와 기체 가연물의 경우 공기 중 산소의 농도가 더 낮아도 가능하다. 가연물이 연소를 지속할 수 있는 각각의 특정 산소 농도를 한계산소농도(limited oxygen concentration, LOC) 또는 한계산소지수(limited oxygen index, LOI) 라고 한다. 또한 이와 관련하여 연소가 시작할 수 있을 산소 농도를 의미하여 최저산소농도(minimum oxygen concentration for combustion, MOC)라고 한다.

표 2-3 가연물들의 한계산소지수

물 질 명	LOI (Vol. %)
수소(hydrogen)	5.9
일산화탄소(carbonmomoxide)	5.9
에틸렌(ethylene)	11.7
에테인(ethane)	13.4
벤젠(benzene)	13.9
부테인(butane)	14.5
폴리에틸렌(polyethylene)	17.4
폴리프로필렌(polypropylene)	19.0
폴리염화비닐(polyvinylchloride)	45.0

결국 질식소화에 사용되는 소화약제는 가연물과 산소의 접촉을 차단시키는 물질이거나 아니면 공기 중 산소 농도를 한계산소농도 이하로 낮추기 위해 혼합시키는 비가연성 기체 성분이라 할 수 있다.

2-3-4 부촉매소화

부촉매소화는 연소의 요소들 중 연쇄반응과 관련된 소화법이며 연소를 지속시키는 활성화물을 제거하거나 작용을 억제하여 연쇄반응이 진행되지 못하게 하는 방법이다. 대표적인 소화약제는 할로겐화합물소화약제와 할로겐화합물 청정소화약제가 있다. 이 소화약제들은 공통적으로 분자 내 할로겐족 원소들을 가지고 있으며 플루오르(F), 염소(Cl), 브롬(Br), 요오드(I) 등이 개별적 혹은 복합적으로 연쇄반응의 활성화물과 반응하여 이를 비활성화 한다.

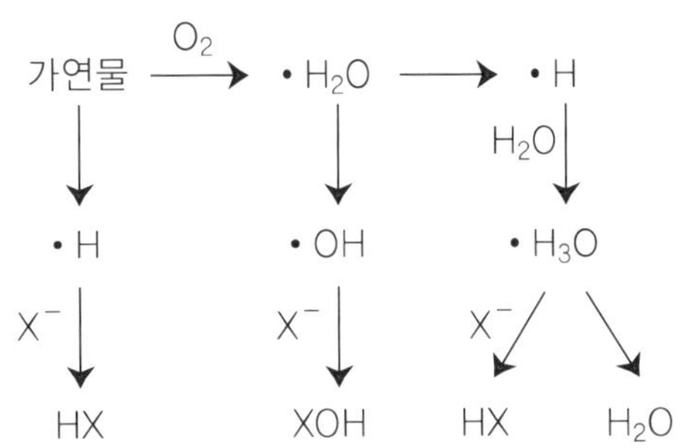

X ; 할로겐족 원소(F, Cl, Br, I)

그림 2-1 할로겐족 원소들의 부촉매소화작용

연소과정에서 연쇄반응을 진행시키는 활성화물의 생성에는 풍부한 산소 기체와 고온이 필요하다. 따라서 상대적으로 낮은 연소 온도를 나타내는 무염연소의 경우 부촉매소화작용은 제한적이다.

2-3-5 유화소화

유화소화는 연소의 요소들 중 직접적으로는 가연물과 산소와 관련된 소화법이다. 유류화재에서 저장 용기 윗면의 화염을 유화층(emulsified layer)을 통해 가연물인 유류와 격리시키는 소화법이다. 제4류 위험물인 인화성 액체들 중 제3석유류인 중유와 같이 비중이 큰 액체의 저장탱크에 화재가 발생했을 경우, 유화작용이 있는 계면활성제를 분무하여 가연물 액체 표면에 유화층을 형성하여 소화하는 방법이다.

유화소화는 유류화재에 적용되는 특성상 유화작용(emulsification)이 있는 계면활성제가 주성분인 소화약제가 사용되어야 하며 포소화약제가 대표적이다.

2-3-6 희석소화

희석소화는 가연물의 농도를 묽게 함으로써 연소반응의 계속된 진행을 어렵게 하는 방법이다. 주로 액체와 기체 상태의 유체 가연물에 희석 가능한 비가연성 물질을 다량으로 혼합하여 연소범위 아래로 가연물 농도를 떨어뜨리는 소화법이다. 대표적인 소화제로는 물을 들 수 있으며 알코올 화재 시 저장탱크에 많은 양의 물을 부어 넣어 알코올 농도를 떨어뜨리는 것이 좋은 예이다. 희석소화는 가연물과 관련된 소화법이어서 가연성 기체 화재 시 이산화탄소를 대량으로 분사하여 화염 근방의 산소 농도를 떨어뜨리는 질식소화법과는 근본적으로 차이가 있다.

2-3-7 방진소화

방진소화는 연소가 진행되고 있는 가연물의 표면에 분사된 소화약제가 분해되어 생성한 비가연성 점액질이 반고형질(solid-like) 피막을 형성함으로써 화염과 공기 중 산소를 가연물로부터 격리시키는 소화법이다. 그러므로 방진소화는 주변에 점화원이 존재하더라도 재착화의 가능성이 없다는 점이 특징이다. 또한 소화약제로부터 생성된 점액질은 형성과정과 증발과정에서 냉각소화효과까지 부분적으로 나타내게 된다. 방진소화작용에 사용되는 대표적인 소화약제는 제3종 분말소화약제의 주성분인 제1인산암모늄(primary ammonium phosphate, ammonium biphosphate, $NH_4H_2PO_4$)이다. 제1인산암모늄은 표면연소로 진행되는 숯이나 코크스 표면에서 메타인산(metaphosphoric acid, HPO_3)의 점성 액체를 형성한 후 최종적으로는 유리질과 같은 투명 고체 성분으로 가연물 표면을 덮는 방진소화작용을 나타낸다. 또한 메타인산은 강한 흡습성으로 인해 가연물로부터 물을 흡수하여 오르토인산(orthophosphoric acid, H_3PO_4)을 생성한다. 무염연소 형태로 진행되는 대부분의 표면연소의 소화는 부촉매소화작용이 비효율적이며 방진소화가 더욱 효율적이다.

대기압에서 실온 상태의 제1인산암모늄이 360°C 이상으로 가열되면 다음과 같이 분해되어 메타인산을 생성한다.

$$NH_4H_2PO_4(s) \rightarrow HPO_3(l) + NH_3(g) + H_2O(g) \qquad \text{(식 2-1)}$$

2-3-8 피복소화

피복소화는 연소 중인 가연물의 표면을 비가연성 물질로 덮어줌으로써 산소와의 접촉을 제한하는 방법이다. 공기 중 산소의 공급을 억제한다는 관점에서는 질식소화의 범주 안에 포함될 수 있으나 짧은 순간의 완전한 차단이 아니라 부분적인 제한이라는 의미를 내포하는 소화법이다. 또한 질식소화와 같이 연소 공간 전체를 대상으로 하기보다 바닥 쪽 화재 등 부분적 공간에 대해 제한적으로 적용되는 점이 차이점이라 할 수 있다. 대표적인 소화약제는 이산화탄소 기체로서 공기의 평균 비중에 비해 1.5배 무거운 특성을 이용한다. 즉, 연소 중인 가연물 위에 분사된 이산화탄소 기체는 아래쪽으로 내려가 가연물이 있는 바닥부터 채워지므로써 공기 중의 산소가 가연물에 공급되는 것을 제한한다.

2-3-9 탈수소화

탈수(dehydration)소화는 문자적으로 물을 제거하는 소화법으로서 가연물 내 물을 제거하여 연소를 지속케 하는 연쇄반응 활성화물의 생성을 억제하는 방법이다. 즉, 수소라디칼(•H)과 수산화라디칼(•OH)의 생성과 연관된 물을 제거함으로써 연쇄반응을 제한하는 작용이다. 이런 점에서는 탈수소화가 부촉매소화작용과 연관이 있으며 물의 제거 과정을 통해 수반되는 에너지 흡수는 부분적인 냉각소화작용의 효과가 있다.

화학적 특성상 탈수작용을 하는 화합물은 황산을 비롯하여 많은 물질이 있으나 탈수소화작용을 나타내는 대표적인 소화약제는 방진소화작용에서 소개된 바 있는 제1인산암모늄(ammonium dihydrogen phosphate, $NH_4H_2PO_4$)이다. 제1인산암모늄은 대기압, 166°C에서 일차적으로 분해하여 오르토인산(orthophosphoric acid, H_3PO_4)을 생성한다. 이 오르토인산은 목재 등 탄화수소가 주성분인 일반 가연물과 반응하여 가연물의 탈수작용을 진행시킴으로써 결과적으로 탄소만을 잔류물로 남기는 탄화(carbonization)과정이 나타난다. 그러므로 탈수소화작용은 화학반응의 종류로 보면 탈수탄화과정이라 할 수 있다.

$$NH_4H_2PO_4(s) \rightarrow H_3PO_4(l) + NH_3(g) \qquad \text{(식 2-2)}$$

$$C_6H_{10}O_5(\text{목재, cellulose unit}) + 10\ H_3PO_4 \rightarrow 10\ H_3PO_4 \cdot \tfrac{1}{2}H_2O + 6\,C \qquad \text{(식 2-3)}$$

2-4 소화약제의 분류

소화약제는 화학적 조성이 매우 다양하지만 대표적 성분과 물리적 상태에 따라 수계소화약제, 가스계소화약제, 분말소화약제로 구분한다.

수계소화약제는 물을 주성분으로 구성된 약제로서 물소화약제, 포소화약제, 산알칼리소화약제 그리고 강화액 소화약제의 종류가 있다.

가스계소화약제는 기체 상태로 소화작용에 사용되는 약제로서 대표적으로는 이산화탄소소화약제, 할로겐화합물소화약제(할론소화약제), 청정소화약제가 있다.

분말소화약제는 고체 분말상태로 소화에 운용되는 약제로서 제1종 분말소화약제로부터 제4종 분말소화약제까지 대표적인 네 종류가 있다.

연습문제

01 '연소'와 '화재' 용어의 개념을 정리하라.

02 기체 가연물의 폭발범위를 다섯 가지 이상의 물질에 대해 나열하시오.

03 점화원의 대표적인 에너지원의 종류는?

04 연소과정에서의 연쇄반응을 세 단계로 구분하고 단계별 반응 예를 제시하시오.

05 건축물의 용도에 따른 화재하중의 크기를 순서적으로 비교하시오.

06 'LOI' 용어를 정의하고, 세 종류 이상의 물질들을 예로 나열하시오.

07 할론소화약제에 의한 부촉매소화작용의 과정을 표현하시오.

08 유화소화란?

09 방진소화란?

10 제1인산암모늄에 의한 탈수소화작용과 화학반응식은?

제 3 장

수계소화약제

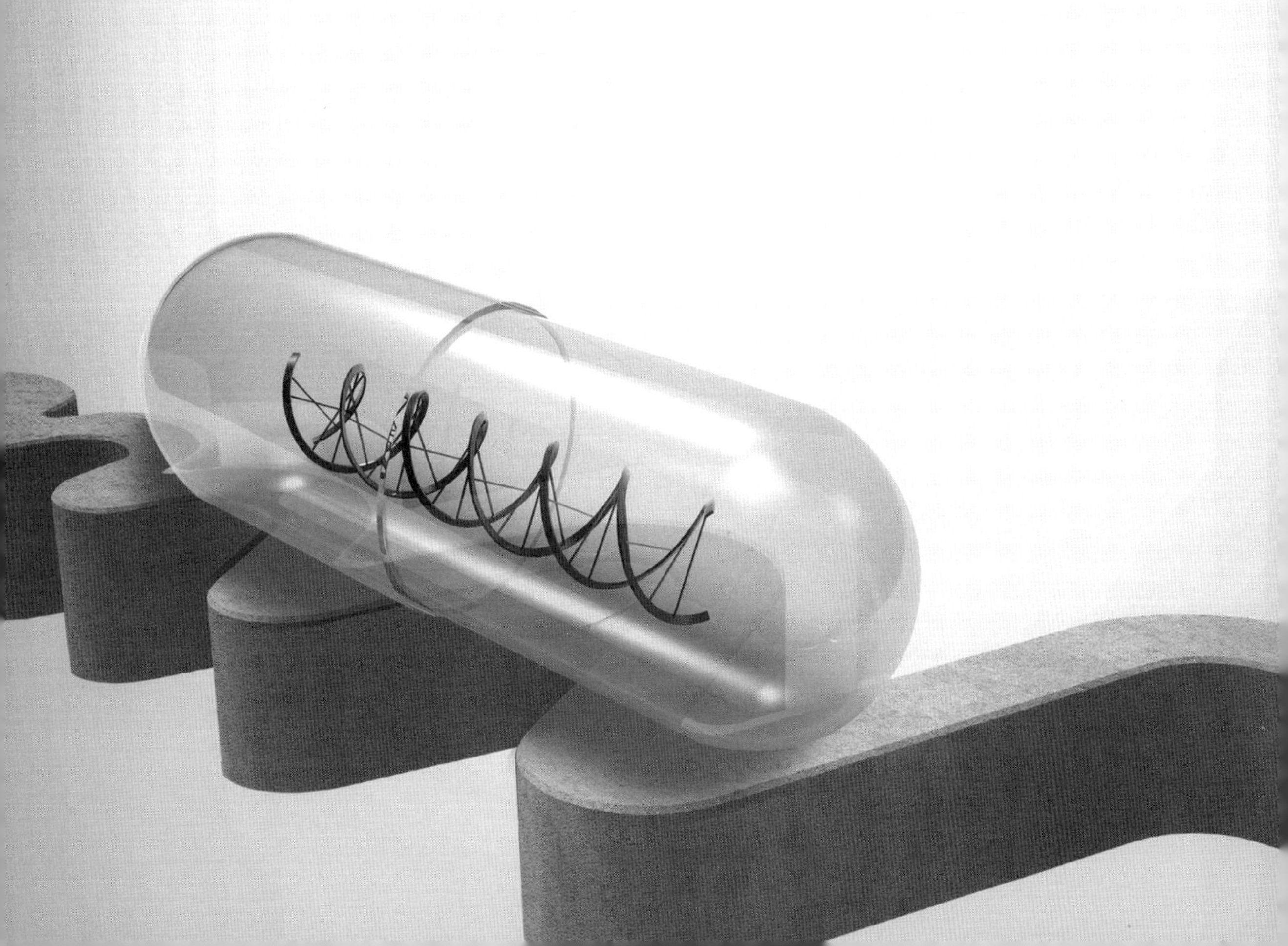

3-1 물소화약제

3-1-1 소화약제로서의 물

물이 가지는 소화약제로서의 특성은 비열과 증발열이 크다는 점이며, 사용상의 장점은 비용이 저렴하다는 것과 장기간의 보관이 가능하다는 점이다. 그러나 겨울철 동결과 소화과정에서의 이차적인 수손피해는 사용상의 단점으로서 주변 환경과 화재 종류에 따른 제한적 용도를 나타낸다.

물이 가지는 고유한 특성은 대부분 강한 수소결합(hydrogen bond)에 의한 것이다.

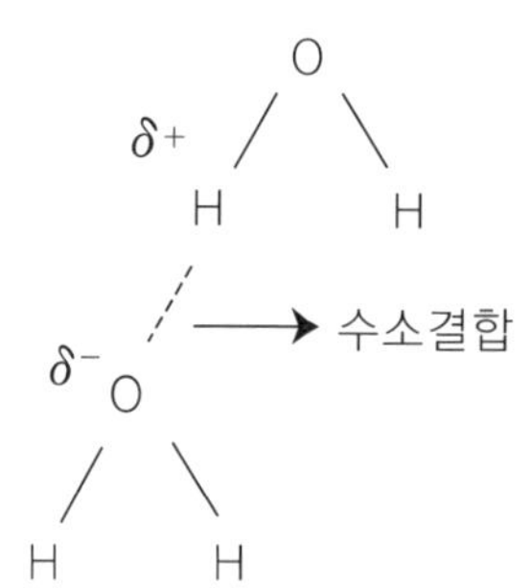

그림 3-1 물 분자의 수소결합

물 분자가 가지는 수소결합은 분자와 분자 사이에 작용하는 분자간 인력 중 가장 강한 힘이다. 그러므로 물은 다른 물질들에 비해 액체 상태로 존재하는 온도 구간이 상대적으로 넓을 뿐만 아니라 비열(specific heat)과 증발열(heat of vaporization)도 크다.

표 3-1 물질의 액체상태 비열과 증발열

물질명	화학식	비열(J/g·K)	몰증발열(kJ/mol)
물	H_2O	4.18	41.0
에틸알코올	C_2H_5OH	2.30	0.90
할론1301	CF_3Br	0.87	0.11
할론2402	$C_2F_4Br_2$	0.75	0.10
HCFC-123	CF_3CHCl_2	1.00	0.17
HFC-23	CHF_3	1.55	0.24
FC 3-1-10	C_4F_{10}	1.05	0.01
FIC 13I1	CF_3I	0.38	0.11

물이 액체 상태로 존재하는 온도 구간이 다른 물질들에 비해 넓은 것은 수소결합을 공간적으로 유지하는데 가장 적합한 상태가 액체이기 때문이다. 이 점은 물이 소화약제로 사용될 수 있는 편의성을 제공한다.

비열은 25°C, 대기압 하에서 물질 1 g을 온도 1 K 올리는데 필요한 에너지이다. 물과 같이 비열이 큰 물질은 물체의 온도 상승에 따른 주위로부터의 열량 흡수가 상대적으로 크다. 또한 증발열은 액체 상태의 물질이 기체 상태로 증발하는데 필요한 흡수열량을 의미한다. 그러므로 소화용수로 물을 사용할 경우 연소환경으로부터 에너지를 흡수하는 양이 다른 물질보다 커서 냉각소화작용이 더욱 효과적이다.

물은 〈그림 3-1〉에서 보는 바와 같이 한 분자 내 서로 다른 한 쌍의 극(δ^+와 δ^-)을 가진 극성분자(polar molecule)이므로 기름과 같은 비극성분자(nonpolar molecule)와는 섞이지 않고 분리된다. 그러므로 B급 유류화재에는 일반적으로 물이 소화용수로 사용될 수 없다. 다만 비중이 큰 유류저장탱크의 화재 시 제한적으로 사용되어 안개모양 분사를 통해 유화소화작용을 나타낼 수 있다. 물이 가진 이런 극성과 자연 발생적 이온 농도로 인해 물은 완전한 전기절연성을 가지지 않는다. 따라서 물은 C급 전기화재에도 제한적인 안개모양 분사외 사용할 수 없으며 금수성물질이 대부분인 D급 금속화재에도 사용할 수 없는 한계성이 있다.

수소결합으로 인해 물이 가지는 큰 분자간 인력은 강한 표면장력(surface tension)을 형성한다. 물의 큰 표면장력은 물을 소화약제로 사용하는데 있어서 상반된 두 현상을 동반한다. 표면장력이 큰 물질은 액체 상태에서 표면적을 최소화하는 힘이 강하다. 이것은 곧 고체 표면 위에서 액체 방울의 퍼짐 현상을 제한하는 힘으로 작용하게 된다. 그러므로 수평방향으로의 퍼짐이 작다면 소화약제로서의 기능 또한 작을 수밖에 없다. 이런 관점에서 물의 큰 표면장력은 고체 가연물의 연소 현장에서 물이 가진 소화기능의 수평적 확산이나 침투성을 감소시키는 요소이다. 그러나 물이 가진 큰 표면장력이 물의 소화능력을 더욱 효율적으로 나타나게 할 수도 있다. 표면장력이 큰 액체는 액체 분자간 인력이 강하므로 모세관 현상도 강하게 나타난다. 고체 가연물이 판상으로 되어 있는 경우를 제외하면 표면장력이 클수록 모세관 현상에 의해 좁은 틈사이로 액체가 깊이 들어가게 된다. 물론 연소생성물인 재(ash)와 같이 액체 방울의 흡수(absorption) 또는 스며듬(soakage)이 지배적으로 작용하는 고체 표면에서는 모세관 현상의 효과를 기대할 수 없다. 그러나 물방울의 부착력이 약한 미연소 가연물의 경우 고체 표면의 미세 균열이나 가연물 사이의 좁은 틈은 모세관 효과가 나타날 수 있는 조건이 된다. 이 경우 물이 가진 큰 표면장력은 물의 수직적 침투와 소화 효율을 높여주는 요인으로 작용할 수 있다.

점도(viscosity)는 유체의 흐름을 방해하는 마찰저항(friction resistance)이며 온도가 올라갈수록 작아진다. 물의 점도는 다른 일반적인 액체에 비해 특별히 크거나 작지 않다.

물이 소화용수로 사용되는 경우 소화설비로 유입되는 물 속 무기이온의 농도를 정기적으로 점검해야 한다. 만약 물속에 무기이온이 많이 녹아 있다면 배관 내 관석(scale)을 생성하여 소화설비를 통해 물이 분출될 때 정상적인 흐름을 방해할 수 있다. 물속 무기이온은 칼슘이온(Ca^{2+})이 대표적이며 이 농도를 물의 경도(hardness)라고 한다. 경도가 높은 물은 소화설비 내 관석 생성뿐만 아니라 포소화약제의 제조 시에도 소화약제와의 균일한 혼합을 어렵게 한다.

물이 소화용수와 소화약제로 사용되는데 있어서 가장 큰 단점은 겨울철 동결현상이다. 이를 극복하기 위해 부동액과 같은 몇 가지 첨가제를 물에 넣어줌으로써 소화용수의 어는점(freezing point)을 물의 정상 어는점(normal freezing point) 아래로 내려준다.

3-1-2 소화제로서의 주수방법

소화를 위해 연소 현장에 물을 뿌려주는 방법이 주수법이며, 수계소화설비에 사용되는 물소화약제에 관한 사항은 국가화재안전기준(National Fire Safety Code, NFSC 104)에 규정되어 있다. 주수법은 봉상(rod type)주수, 적상(droplet type)주수, 무상(fog type)주수의 세 가지 형태가 있다. 봉상주수는 소화전설비와 송수관설비 등에서 소화용수로서의 물이 관창이나 노즐 말단으로부터 물줄기 형태로 방출되는 것을 가리킨다. 적상주수는 스프링클러(sprinkler)의 헤드(head) 형태나 관창 노즐의 모양에 따라 물방울 형태로 물이 분출된다. 그리고 무상주수는 특수설계된 살수장치에 의해 안개 형태로 물이 분무되는 것을 의미한다.

주수방법의 차이는 소화작용의 형태와 효과를 변화시킨다. 봉상주수는 단위시간당 주수량이 상대적으로 가장 크다는 장점이 있으므로 희석소화에 효과적이다. 또한 A급 일반화재 시 물줄기의 타격에 의해 부분적인 제거소화의 효과를 기대할 수 있다. 그러나 봉상주수법은 물이 가진 특성으로 인해 B급 유류화재, C급 전기화재, D급 금속화재에는 소화제로 사용할 수 없다.

적상주수법은 물방울 형태로 물이 분사되므로 그 특성이 봉상주수와 무상주수의 중간적 성격을 띤다. 적상주수법은 봉상주수법에 비해 단위부피당 물의 표면적이 상대적으로 커서 일반화재에서 냉각소화작용을 나타내는 것은 동일하지만 봉상주수법에 비해 그 효과가 상대적으로 크다. 적상주수법은 봉상주수법과 마찬가지로 전기화재에는 사용할 수 없는 주수법이다.

반면에 무상주수법은 안개 형태의 분무법으로서 짧은 시간 동안 공중에 떠 있을 정도로 물입자의 크기가 작다. 그러므로 무상주수법은 주수법들 중 동일한 양의 물이 가지는 표면적, 즉 비표면적(specific surface area)이 가장 큰 방법이다. 이것은 물과 가연물과의 접촉 면적을 증가시킬 뿐만 아니라 액체에서 기체로의 증발 또한 용이하여 냉각소화효과를 극대화 할 수 있다. 또한 물방울 입자의 공기 중 부유 시간이 길어짐으로써 질식소화작용을 나타내게 되고 화재 공간 내 연기를 외부로 밀어내는 배연효과까지 기대할 수 있다.

그러나 무상주수법의 가장 큰 특징은 B급 유류화재에서의 유화소화작용과 C급 전기화재에서의 운용이 가능하다는 점이다. 또한 일반화재의 진압 시 이차적인 수손피해의 크기가 봉상주수에 비해 상대적으로 작다. 그러나 단위시간당 공급되는 물의 양이 상대적으로 작으며 바람에 날리는 현상으로 인해 화원과 화염에 대한 직접적 공격보다는 주변 가연물의 냉각과 같은 간접적 공격의 수단으로 운용되는 경우가 일반적이다.

3-1-3 미분무수 소화설비

최근 소화제로서 물을 주수하는데 있어서 가장 관심을 끄는 부분은 미분무수(water mist)설비라 할 수 있다. 미분무수설비는 무상주수법의 한 형태이나 물방울의 크기가 상대적으로 작은 무상주수법이라 할 수 있다. 미분무수로 표현할 수 있는 물방울 입자의 크기는 구체적으로 규정되어 있다. 국내 기준인 국가화재안전기준[6]에서는 "분무되는 물입자 중 99%의 누적체적분포가 400 μm 이하이며

A, B, C급 화재에 적응성을 갖는 것"으로 표현되어 있다. 여기서 물방울 입자의 누적체적분포(cumulative volumetric distribution)는 분무된 물방울 입자를 작은 것부터 큰 것까지 크기순으로 나열했을 때 99%가 특정 크기 범위에 속하는 것을 의미한다. 즉, 물 입자 99%의 누적체적분포($D_{V0.99}$)는 분무된 물방울 입자의 99%가 특정 크기에 포함된다는 의미이다. 미국방화협회(National Fire Protection Association, NFPA)의 미분무수 기준은 1000 μm, 즉 1 mm 미만이다($D_{V0.99}$ < 1000 μm). 이 같은 차이는 어떤 화재 쪽에 조금 더 비중을 두는가의 관점 차이에서 비롯되었다고 할 수 있다. 미국 기준과 같이 물방울의 크기가 상대적으로 조금 더 크다면 A급 화재 소화에 더 효율적일 수 있으나 국내 기준과 같이 물방울의 크기가 더 작다면 전기절연성을 고려한 C급 화재에서의 운용 안전성을 증가시킬 수 있기 때문이다.

미분무수에 의한 소화작용은 무상주수와 동일하지만 물방울 입자들의 크기가 상대적으로 작아서(비표면적이 상대적으로 커서) 냉각소화작용과 질식소화작용이 더욱 강하게 나타난다. 특히 기체와 유사한 유체 흐름을 통해 고체 가연물의 표면 냉각과 복사열 차단이 용이하여 연소속도와 화재확산을 효율적으로 감소시킬 수 있는 장점이 있다.

그러나 미분무수분무는 상대적으로 작은 물방울 크기로 인해 일반적인 무상주수법으로 가능한 유화소화작용이 효과적으로 진행되지 못할 뿐만 아니라 화재하중이 큰 공간에서의 소화작용이 비효율적이라는 단점이 있다.

3-1-4 냉각소화작용

물이 가지는 냉각소화작용은 여러 형태가 복합적으로 작용하지만 핵심적인 과

6) 미분무소화설비의 화재안전기준, 제3조 2호(2017년 7월)

정은 세 가지이다.

첫째, 냉각작용은 가연물과 연소 환경의 온도를 떨어뜨려 연소속도를 감소시킨다.

연소과정도 화학반응의 한 형태이므로 반응속도는 반응온도에 비례한다. 고전 속도이론이라 불리는 아레니우스(Arrhenius)의 속도식은 이를 잘 보여주는데, 반응의 속도를 결정하는 속도상수(rate constant)를 여러 요소들의 상관관계로 표현한다.

아레니우스의 식 : $k = A \cdot e^{-Ea / R \cdot T}$ (식 3-1)

(k ; 속도상수, A ; 빈도인자, Ea ; 활성화에너지, R ; 기체상수, T ; 반응온도)

이 식에서 k는 속도상수로서 그 값이 클수록 화학반응의 속도가 빠르게 진행됨을 의미한다. 식을 구성하는 요소들 중 A항은 빈도인자(frequency factor)이며 반응에 참여한 반응물들이 단위시간당 서로 만나는 충돌빈도를 나타내는 요소이다. 따라서 A가 큰 값을 가질 조건은 반응온도가 높은 경우이다. 또한 이 식에서 e의 지수 형태로 구성된 온도(T)가 커야만 k가 큰 값을 가질 수 있다. 결국 연소반응의 온도가 높을수록 연소속도도 빨라지고 화재 확산도 빨라짐을 알 수 있다. 그러므로 물에 의한 냉각작용은 연소반응의 속도를 전체적으로 감소시키는 효과를 나타낸다.

둘째, 냉각작용은 점화원 에너지의 공급을 차단하거나 제한하는 과정이다.

점화원은 연소의 한 요소로서 이것의 공급이 제한을 받으면 연소반응이 불가능해진다. 냉각소화는 점화원으로서 역할을 할 수 있는 충분한 크기의 에너지가 축적되거나 전달되는 과정을 방해하는 작용이다. 그리고 점화원이 없으면 발화과정의 활성화에너지가 없는 경우이므로 연쇄반응을 진행시키는 활성화물의 생성 또한 불가능하게 된다. 따라서 점화원 에너지의 공급 제한은 새로운 연소반응이 시작될 수 없게 할뿐 아니라 진행되고 있는 연소과정의 급격한 약화를 초래한다.

셋째, 냉각작용은 가연물의 양을 감소시키는 과정이다.

냉각소화는 화염 생성의 주된 재료라 할 수 있는 가연성 기체의 생성을 억제한다. 가연성 기체는 일반적으로 고체의 열분해 과정과 액체의 증발 과정을 통해 생성된다. 냉각작용은 이런 가연물들의 온도를 떨어뜨려 고체 혹은 액체 가연물로부터 가연성 기체가 기화되는 양을 감소시킨다. 따라서 가연물 양의 감소는 연소반응을 약화시키고 최종적으로는 소멸되게 한다.

이밖에도 냉각작용은 연소반응의 온도를 낮추어 줌으로써 연쇄반응 활성화물의 생성량을 감소시킬 수 있다. 이런 관점에서 냉각효과는 부분적인 부촉매소화작용을 나타낸다고 할 수 있다.

냉각소화작용을 나타내는 많은 물질들 가운데 물이 가장 유용하게 사용되는 이유는 비용이 가장 저렴하고 보관상 편리하다는 외적인 요인 외도 물이 가진 고유한 특성에서 찾을 수 있다. 물이 가진 큰 냉각작용은 물이 가지는 큰 비열과 큰 증발열 때문이다(표 3-1 참고). 물의 비열이 크다는 것은 물이라는 물질 자체의 온도가 올라가는 과정에서 주위로부터 흡수하는 열량이 다른 물질에 비해 크다는 의미이다. 마찬가지로 증발열이 크다는 것은 증발 과정에서 주위로부터 흡수하는 열량이 다른 물질들에 비해 상대적으로 크다는 것이다. 따라서 물은 동일한 질량의 다른 물질들에 비해 주변을 냉각시키는 능력이 뛰어남을 알 수 있다.

3-1-5 제거소화작용

물이 가지는 제거소화작용은 소화용수로 공급되는 다량의 물을 봉상주수 형태로 화재현장에 뿌려주는 경우에서 볼 수 있다. 물줄기의 물리적 타격에 의해 고체 가연물을 화염으로부터 이탈시켜 가연물이 제거되는 소화효과를 나타낸다. 이러한 물에 의한 제거소화작용은 물의 냉각소화작용에 비해 상대적인 효율성과 크기가 작고 물의 고유한 화학적 특성과는 무관한 간접적인 소화작용이라 할 수 있다.

3-1-6 질식소화작용

물이 가지는 질식소화작용은 무상주수로 분무 시 나타나는 소화효과이다. 무상주수는 쉽게 기화할 수 있는 안개 상태의 작은 물 입자를 공기 중에 다량 발생시킴으로써 수증기 발생량을 빠르게 증가시킨다.

모든 물질은 액체 상태에서 기체 상태로 기화 시 부피가 증가한다. 대기압 하 실온에서 물은 1몰의 부피가 약 18 mL이지만 수증기 1몰의 부피는 24400 mL 정도이다. 즉, 액체인 물이 기체 상태의 수증기로 바뀔 경우 부피가 거의 1350 배 이상 팽창된다. 물의 이와 같은 수증기 발생량은 주변 공기를 밀어내어 화염이나 연소반응이 진행되고 있는 주위 공기 중의 산소 농도를 상대적으로 낮아지게 한다. 이로 인해 산소 농도를 한계산소농도 아래로 내려가게 하는 작용이 물의 질식소화작용이다. 그러므로 물의 질식소화효과는 밀폐된 공간이나 실내화재 시 효율적으로 나타나는 소화작용이다.

3-1-7 유화소화작용

물이 가지는 유화소화작용은 유류탱크 화재 시 무상주수 형태로 물을 주수하여 소화하는 과정에서 볼 수 있다. 중유와 같은 비중이 큰 제3석유류 저장탱크의 화재 시 화염이 있는 유류 상층부에 분무상 물을 다량으로 주수하면 유화층(emulsified layer)이 형성되어 화염과 가연물인 기름의 접촉을 차단하게 된다. 이 과정이 유화소화작용이다. 물이 가질 수 있는 유화소화작용은 물방울 입자의 크기가 매우 중요하다. 적상주수의 큰 물방울이나 미분무수 정도의 너무 작은 크기도 유화층 형성의 어려움으로 인해 유화소화작용에 적합지 않다.

물의 유화소화작용을 더욱 강화하는 방법은 유화제로 사용되는 약간의 계면활성제를 물속에 첨가하는 것이다.

3-1-8 희석소화작용

물이 가지는 희석소화작용은 다량의 물을 수용성 액체 가연물에 주수 시 나타나는 효과이다. 알코올과 같이 물에 녹는 성질을 가진 가연성 액체의 연소 반응에서 다량의 물을 액체 속에 주입함으로써 가연물 농도를 연소범위 아래로 떨어뜨리는 소화법이다. 이 과정에서 소화가 효율적으로 진행되기 위해서는 물의 빠른 주입을 위해 봉상주수가 가장 적합하다.

개방된 곳에서의 일반화재에서도 무상주수로 물을 분무했을 경우 부분적인 희석소화작용을 나타낼 수 있다. 이것은 가연성 기체의 농도를 수증기가 희석함으로써 나타나는 효과이지만 효율성과 수증기 농도에 따른 질식소화작용과의 구분 등이 명확하지 않다.

3-1-9 물소화약제의 첨가물

소화약제로서 물의 기능을 향상시키기 위해 물속에 넣어주는 첨가제는 그 종류가 다양하고 그 기능이 서로 상반되는 것들도 있다. 일반화재에서는 물의 소화효과를 강화하지만 동일한 물질이 특정 화재에서는 오히려 소화효과를 감소시키는 작용을 함으로써 화재의 종류에 따른 첨가제가 나타내는 기능의 차이는 크다.

첨가제의 종류는 크게 유화제, 강화제, 침투제, 증점제, 감점제, 부동제 등이 있다.

앞에서 언급한 바와 같이 물의 유화소화작용을 강화하기 위해 넣어 주는 첨가제가 유화제(emulsifier)이며 주로 비이온성계면활성제가 사용된다. 강화제는 물의 소화능력을 증가시키기 위해 넣어주는 약제로서 알칼리금속염이 대표적인 물질이다. 일반적으로는 알칼리금속염 수용액을 강화액(loaded stream)이라 하는데 일반화재 시 물의 소화작용을 강화하는 기능이 있다.

침투제(wetting agent)는 물의 표면장력을 떨어뜨려 가연물 깊숙이 물이 잘 들어갈 수 있도록 물의 침투력을 증가시키는 물질이다. 침투제의 성분은 1% 이하의

묽은 농도로 희석한 계면활성제이며 침투제가 첨가된 물을 침투수(wet water)라고 한다.7)

증점제(viscous water agent)는 물의 점도를 증가시키는 물질로서 유기금속염류 혹은 비이온성 계면활성제가 이용되며 무기 광물질 성분으로는 규산염(aluminosilicate) 광물인 벤토나이트(bentonite) 등이 사용된다. 물의 점도를 높이는 목적은 물이 고체 상태의 연소 물질이나 가연물에 부착되었을 경우 그 표면에 머무르는 시간을 증가시키기 위함이다. 이것은 산림화재와 같이 한정된 양의 물로써 넓은 면적을 오랫동안 적셔야 할 때 필요하다.

그러나 감점제는 그와 반대로 물의 점도를 낮추는 첨가제이다. 감점제의 첨가는 다량의 물을 빠른 시간 내 방사해야 할 경우에 효과적이며, 물의 점도를 떨어뜨려 물과 이동경로인 관 내부와의 마찰력을 줄이는 작용을 한다.

부동제(antifreezing agent)는 물이 소화제로 사용됨에 있어서 겨울철 동결현상을 방지하기 위해 넣어주는 첨가제이다. 가장 널리 사용되는 부동제로서 에틸렌 글리콜(ethylene glycol)이 있다.

3-1-10 방호구역

방호구역(system protection area)은 소화용수로 물이 살포되는 스프링클러로 방호 가능한 바닥 면적을 가리킨다. 즉, 폐쇄형 헤드의 경우 한 개의 밸브와 한 개의 유수검지장치로 소화작용이 유효한 살수 최대 바닥면적이다. 개방형 헤드를 사용하는 설비의 경우에는 방호구역 대신 방수구역이라 하며 일제개방밸브 한 개가 담당하는 바닥면적을 가리킨다. 방호구역은 3000 m^2 이하의 면적에 적용하며, 방수구역은 개방형헤드의 개수가 50개 이하로 하되 각 층별로 구분하여 운용함을 원칙으로 한다. 특히 방수구역은 인접한 부분을 상호 중복되게 하도록 규정되어 있다.

7) 인세진 외 4인, 『소화약제화학』, 형설출판사(서울), 2판, pp.41 ~ 44(2005).

3-2 포소화약제

3-2-1 포소화약제의 소화원리와 특성

포소화약제는 거품(포, foam)을 발생시키는 소화약제이며 발포와 관련된 특정 성분이 들어 있는 수용액에서 거품이 생성되므로 수계소화약제로 분류한다. 포소화약제의 소화작용은 발생된 거품에 의한 질식소화작용이 대표적이며 부분적인 냉각소화와 유화소화를 나타낸다. 포소화약제로부터 거품이 발생되는 원리는 두 가지이다.

첫째는 발포 작용을 일으킬 수 있는 물질들의 화학반응을 통해 거품이 발생되는 경우이다. 이것을 화학포(chemical foam)라고 하며 거품 속 기체 성분(포핵)은 이산화탄소(CO_2)이다.

둘째는 계면활성제 중 거품을 잘 일으키는 발포제 성분을 물에 희석한 후 공기를 물속에 주입하여 기계적으로 거품을 발생시키는 경우이다. 이것을 기계포(mechanical foam) 또는 공기포(air foam)라고 하며 거품 속 기체 성분은 대기를 구성하고 있는 일반적인 공기이다. 기계포 발생에서 발포 원액의 부피와 발포된 거품의 부피 비율을 팽창비(expansion ratio) 또는 발포비(foaming ratio)라고 한다. 팽창비는 최종 발생한 포 체적을 원래 포 수용액 체적으로 나눈 값을 말하며, 원액의 농도와 발포 방법에 따라 저발포와 고발포 등 다양한 비율로 조정이 가능하다. 기계포의 특성은 발포비 뿐만 아니라 환원시간(drainage time), 내열성, 유동성 등의 여러 관점에서 판단되어야 한다. 포의 환원시간은 거품이 생성된 후 깨어져 물로 돌아가는데까지 거품 상태로 머물러 있는 시간을 가리킨다. 일반적으로 포의 환원시간은 길수록 좋으며 발생된 포의 25%가 60초의 환원시간을 나타낸다면 우수하다고 할 수 있다. 그러나 포의 환원시간과 발포비는 서로 연관성이 있으며 상호 반비례 관계가 있다. 즉, 동일한 조건에서는 발포비가 클수록 거품의 두께가 얇아지게 되어 포의 환원시간은 짧아진다.

내열성은 기계포의 특성을 판단하는 기준으로서 거품이 열에 의해 견디는 특성을 가리킨다. 내열성이 클수록 동일한 열에 대한 포의 환원시간이 길다.

포의 유동성은 포가 발생된 후 표면을 따라 이동하는 특성을 가리키며 일반적으로는 그 값이 클수록 포의 성질도 우수하다. 그러나 포의 유동성은 팽창비와 비례하는 특성이 있다. 팽창비가 클수록 포의 두께가 얇고 가벼워 유동성이 증가하기 때문이다.

포가 가지는 이런 특성들은 화재의 종류와 현장 상황에 따라 다양하게 적용되어야 하므로 각기 다른 상황에 부합되는 적합한 조건이 기계포 각각의 발포 기준이 된다.

3-2-2 화학포소화약제

화학포소화약제는 화학반응을 통해 기체 상태의 생성물을 거품상태로 발생시켜 소화하는 약제이다. 발포를 위한 기계적인 송풍 과정은 필요 없으나 포방출장치가 복잡하고 포원액의 보관상 변질 등으로 인해 국내에서는 형식승인이나 검정기준을 따로 가지지 않는다.

화학포소화약제는 A약제로서 탄산수소나트륨, 그리고 B약제로서 황산알루미늄 수화물을 반응시켜 이산화탄소 기체를 발생시킨다.

$$6NaHCO_3 + Al_2(SO_4)_3 \cdot 18H_2O \rightarrow 6CO_2 \uparrow + 3Na_2SO_4 + 2Al(OH)_3 + 18H_2O$$

(식 3-2)

화학포소화약제의 제조는 두 약제의 수용액을 통해 반응이 진행되며, A약제 수용액에 수용성 단백질인 젤라틴(gelatin)을 첨가하여 포의 안정성과 점성을 증가시킨다.

화학포소화약제의 제조 시 두 약제의 혼합방식은 1약 건식, 2약 건식, 2약 습식의 세 가지 형태가 있다. 1약 건식은 고체 분말 상태의 두 약제(A약제, B약제)를 한 개의 저장탱크에 함께 보관하였다가 필요시 펌프를 통해 흡입기로 이송하여 물과 혼합한 후 발포하는 형태이다. 그러나 2약 건식은 두 약제를 따로 보관하는 점이 다르며, 2약 습식은 두 약제를 따로 분리하되 미리 물과 혼합한 수용액 상태로 보관하였다가 혼합기 속에서 적절한 농도로 섞어서 발포하는 형태이다.

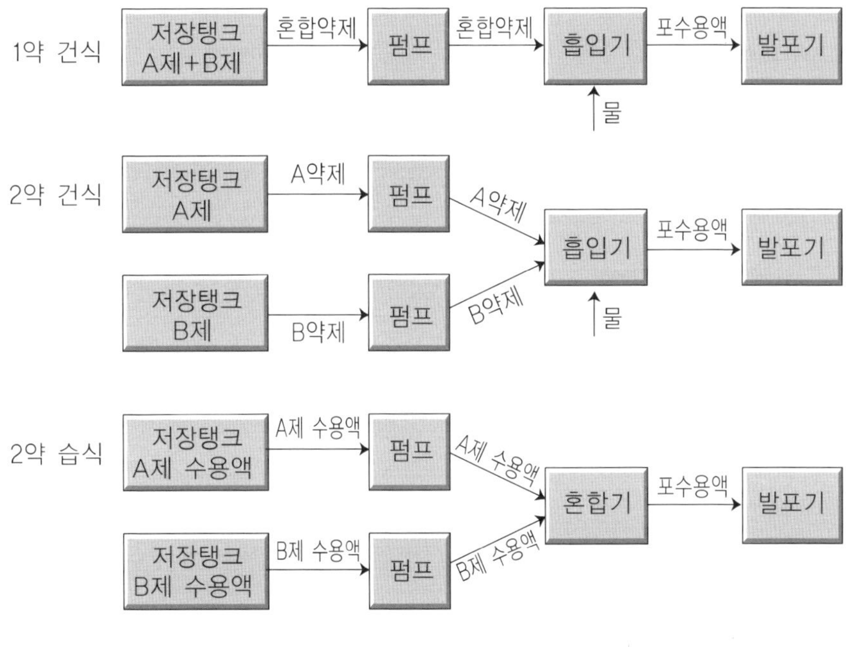

그림 3-2 화학포소화약제의 보관 및 혼합방식

화학포는 기계포에 비해 상대적으로 포의 두께가 두꺼운 편이어서 포의 점착성과 내화성이 우수하다. 그러나 가격이 비싸고 보관상의 변질 문제가 있어서 실제적으로는 거의 사용되지 않는다.

3-2-3 기계포소화약제

기계포는 발포성을 가진 포원액을 물에 희석시킨 후 공기를 기계적으로 불어넣으며 교반하여 거품을 발생시킨다. 따라서 동일한 발포량의 경우 화학포에 비해 포원액의 부피가 작고 많은 양의 포를 빠르게 발생시킬 수 있다는 장점이 있다. 또한 기계포 내 종류에 따른 차이는 있으나 일반적으로 화학포에 비해 보관과 저장이 용이하다는 특징이 있다. 국내의 경우 실제적인 포소화설비에는 기계포가 100% 설치되어 있다.

기계포소화약제에 대한 국내 기준은 소화약제의 형식승인 및 제품검사의 기술기준에 명시되어 있으며 "포소화약제란 주원료에 포안정제, 그 밖의 약제를 첨가한 액상의 것으로 물(바닷물을 포함)과 일정한 농도로 혼합하여 공기 또는 불활성기체를 기계적으로 혼입시킴으로써 거품을 발생시켜 소화에 사용하는 약제"라고 규정되어 있다.[8)]

기계포소화약제는 성분에 따라 크게 단백질계와 계면활성제계로 나눌 수 있다. 단백질계는 단백포소화약제와 불화단백포소화약제로 구분되고, 계면활성제계는 합성계면활성제 포소화약제, 수성막포소화약제, 알코올형포소화약제의 세 종류로 분류한다.

3-2-3-1 단백포소화약제

단백포소화약제는 기계포소화약제들 중 천연물을 이용한 최초의 소화약제로서 다른 기계포소화약제로의 성능 개선을 위한 출발점이 되었으나 현재는 원료 단백질의 대규모 공급과 보관상의 문제점으로 인해 그 사용이 제한적이다. 기계포소화약제의 용도가 대부분 유류화재의 소화에 있음과 같이 단백포는 단순 유류화재와

8) 소화약제의 형식승인 및 제품검사의 기술기준, 제2조 2호(2017년 7월)

석유저장시설과 같은 대규모 유류시설의 소화에 폭넓게 사용하기 위해 개발되었다.

국내의 경우 소화약제의 형식승인 및 제품검사의 기술기준에 명시된 단백포소화약제의 정의는 "단백질을 가수분해한 것을 주원료로 하는 포 소화약제"로 되어 있다.9)

단백포소화약제는 다른 기계포소화약제에 비해 내화성과 내유성이 상대적으로 강하고 재착화 방지성이 우수하다는 장점이 있다. 그러므로 제4류 위험물인 인화성 액체(수용성 액체는 제외)의 화재에 소화약제로 적합하여 유류저장탱크의 고정식 소화설비에 이용된다. 특히 화염 발생면에 대한 포의 밀봉성과 내열성이 우수하여 소화가 매우 효과적으로 진행된다. 또한 포의 환원시간이 다른 기계포소화약제에 비해 상대적으로 길다는 점은 재착화의 가능성을 낮추어 주게 된다.

그러나 포의 유동성이 작아 소화시간이 길고, 주성분이 천연물이라 장기간 보관에 따른 변질 문제가 사용상의 가장 큰 단점이다.

단백포소화약제의 주성분은 단백질을 가수분해(hydrolysis)한 것이다. 즉, 단백질에 물을 첨가하여 분해반응을 진행시킨 생성물이다. 단백포의 원료 단백질은 젤라틴(gelatin) 형태가 가장 적합하므로 동물성 고체로서 동물의 뿔이나 발굽 등이 대표적으로 사용되며 식물성 단백질이나 기타 육류 단백질은 이용되지 않는다. 천연물 단백질의 양적 한정성을 극복하기 위해 단백질 원료로서 천연물질이 아닌 석유 단백질 등이 연구되고 있으나 독성과 소화 효능 저하 등으로 인해 아직은 대규모 상용화에는 문제점이 있다.

내열성이 큰 젤라틴 형태의 동물성 천연 단백질로부터 단백포 소화원액이 제조되는 과정은 원료의 획득, 가수분해, 여과(filtration), 중화탈염(neutralization and desalting), 농축(concentration), 안정제(stabilizer) 첨가, 첨가제(additives) 첨가 등의 단계를 거친다.

9) 소화약제의 형식승인 및 제품검사의 기술기준, 제2조 3항(2017년 7월)

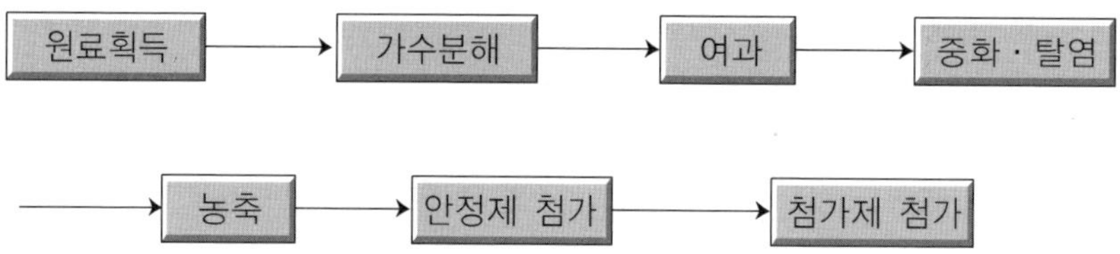

그림 3-3 단백포소화약제의 제조 공정

단백포소화약제 제조의 첫 번째 공정은 원료 단백질의 획득이다.

단백질 원료의 획득은 젤라틴 성분의 단백질을 준비하는 것이며 여기에 적합한 재료는 동물의 뿔이나 발톱 등이다. 식물성 단백질이나 어분과 같은 일부 동물성 단백질은 발포된 포의 내화성이 좋지 못하며, 혈액 내 글로불린(globulin)이나 계란의 흰자 등은 물과의 친화성이 약하고 경제성 또한 좋지 못하여 소화약제로서 적합하지 못하다. 최근 석유 유분이나 알코올에 효모를 처리하는 방법에 의해 인공적으로 단백질 원료를 제조하고 있으나 아직은 내열성 등 젤라틴 성분에 비해 경쟁력이 부족한 것이 현실이다. 단백질 재료는 가수분해 반응 전 전처리 과정으로 분말화가 필요하다. 그러나 동물의 뿔 등은 매우 딱딱하므로 직접 분쇄하기 전 먼저 고압반응기(autoclave) 속에서 증기로 삶은 후 분쇄기로 분말화한다.

단백포소화약제 원액 제조의 두 번째 공정은 단백질의 가수분해이다.

단백질의 가수분해는 물 분자가 젤라틴 형태의 단백질 거대 분자를 깨뜨리는 과정이다. 즉, 첨가된 물이 단백질 분자 내 CO와 NH사이를 깨뜨리는 과정으로서, 물분자로부터 해리된(dissociated) H^+와 OH^-가 절단된 양쪽에 결합됨으로써 아미노산(amino acid) 형태의 분자 단위로 단백질을 분해한다.

단백질의 가수분해는 분해되는 정도에 따라 최종적인 아미노산에 이르기까지 여러 형태의 중간체를 가진다. 분해도가 작고 상대적으로 분자량이 큰 순서부터 나열하면 단백질(protein), 메타프로테인(metaprotein), 프로테오스(proteose),

펩톤(peptone), 아미노산(amino acid)으로 구분할 수 있다. 즉, 펩톤은 몇 개의 아미노산이 결합되어 있는 크기로서 산성 수용액 내에서는 쉽게 분해되어 아미노산을 생성할 수 있는 물질이다.

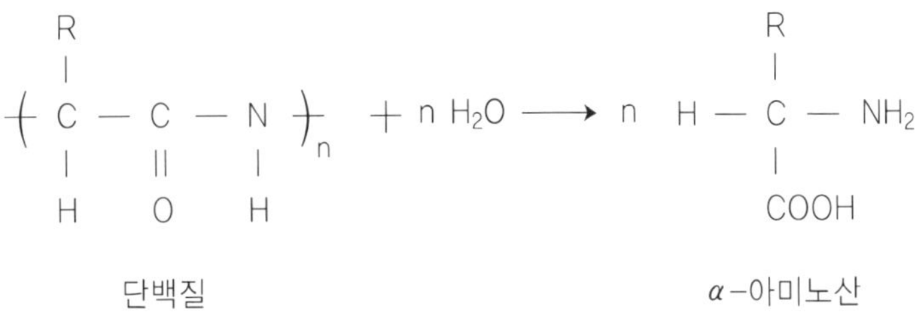

(식 3-3)

가수분해과정은 수산화나트륨(NaOH)이나 수산화칼슘($Ca(OH)_2$) 등을 물에 녹인 염기성 수용액 내에서 반응이 진행된다. 그 이유는 단백질 가수분해물이 발포성과 내열성 등 소화약제로서 가져야 하는 여러 가지 화학적 성질을 갖게 하기 위함이다. 실제로 진행되는 단백질의 가수분해 과정은 최종 분해물인 아미노산으로의 분해를 목적으로 하지 않으며 젤라틴에서 아미노산으로 바뀌는 분해 과정의 중간 생성체인 펩톤(peptone) 성분이 많이 보존되어야 한다. 아미노산은 단백질의 최종적인 분해 물질이며 무색의 수용성 성분이다. 그러나 실제 단백포 원액으로 사용되는 단백질 가수분해물은 약간의 점성이 있고 흑갈색을 띤 특유의 냄새를 가진 액체이다. 즉, 단백포소화약제로 사용되는 단백질 가수분해물은 펩톤이 주된 역할을 한다. 단백질을 가수분해하기 위해 산성 수용액을 사용하면 반응이 지나치게 빨리 진행되어 펩톤이 아미노산으로의 분해되는 속도를 조절하기 어려운 문제점이 있다.

단백질 가수분해 반응은 대기압 하에서 진행하는 상압법과 압력을 높인 가압법의 두 종류의 진행법이 있으나 일반적으로는 상압법이 많이 이용된다.

단백포소화약제 제조의 세 번째 공정은 여과과정이다.

고체 상태의 천연 단백질 원료를 가수분해하면 불용성 성분이 수용액 속에 남게 된다. 이 과정은 가수분해가 진행된 수용액을 여과기로 여과하여 고체 잔류물을 거른 후 액체만을 분리하는 공정이다.

단백포소화약제 제조의 네 번째 공정은 중화탈염 과정이다.

염기성 수용액으로 가수분해가 진행된 후 여과된 액체는 여전히 염기성을 띤다. 따라서 산(acid)을 첨가하여 중화시키는 중화과정이 필요하다. 또한 중화반응의 진행에 따라 결과적으로 생성되는 염(salt)을 제거하는 것이 탈염(desalting)이다. 가수분해 수용액이 완전히 중화되지 못하고 염기성을 유지하거나 혹은 과다한 산의 투입으로 인해 산성을 나타낸다면 수용액은 장치 내 관을 부식시키게 된다. 또한 적절한 탈염이 진행되지 못하면 염의 침전으로 인한 관석(scale) 생성의 문제점을 가지게 된다.

단백포소화약제 제조의 다섯 번째 공정은 농축과정이다.

이것은 중화탈염과정을 거친 가수분해 액을 적절한 농도의 포 원액으로 사용하기 위해 농도를 조절하는 공정이다. 단백포 소화약제로 사용되는 대표적인 포 원액의 종류는 3%와 6%의 두 종류이다. 흔히 3%와 6%라고 하지만 정확하게는 '3%형', '6%형'이라고 하는 것이 의미에 맞다. 즉, 3% 포 원액이라는 것은 이 원액을 물과 혼합할 때 원액의 양이 전체 포수용액의 3%만 되도록 넣어도 발포가 순조롭게 진행될 수 있는 농도를 의미한다. 따라서 6%라는 표현은 전체 포수용액 속에 들어있는 포 원액의 양이 6%라는 의미이며 6%가 되도록 물과 혼합해야만 발포가 적절하게 진행될 수 있음을 가리킨다. 그러므로 3%와 6%는 포 원액의 자체 농도를 의미하는 것은 아니며 전체 포수용액에 대해서 각각 3%만 되도록 혼합해도 된다는 의미와 6%가 되도록 더 많이 넣어주어야 한다는 의미를 가진다. 그러므로 3%포 원액은 6%에 비해 자체 농도가 두 배라고 이해할 수도 있으나, 정확하게 표현하면 거품 발생률이 두 배라는 의미이다.

결국 단백포 제조과정에서의 농축공정은 '3%형' 또는 '6%형'이 되도록 단백질 가수분해액의 농도를 조절하는 과정이다.

단백포소화약제 제조의 여섯 번째 공정은 안정제 첨가 공정이다.

이 공정은 포의 안정성을 증가시키기 위해 필요한 물질을 첨가하는 과정이다. 대표적인 안정제는 황산금속(metalsulfate)염이며, 가장 많이 이용되는 것이 황산제일철($FeSO_4$)[10)]이다.

단백포소화약제의 가장 큰 장점은 발포된 포의 안정성과 내열성이 우수하다는 점이다. 발포된 포의 안정성은 가연물 액체 또는 화염 등에 의해 포가 깨어지지 않는 성질을 의미한다. 그리고 내열성은 열에 의해 포가 깨어지지 않고 견디는 성질을 말한다. 실제로 유류저장탱크 화재 시 나타나는 윤화(ring fire) 현상은 포소화약제로 뒤덮인 중앙부가 아니라 상대적으로 더 뜨거운 벽 쪽의 포가 깨어져 발생하는 현상이다. 단백포소화약제는 윤화현상이 거의 나타나지 않는 대표적인 포소화약제이다.

포의 안정성은 포의 내부에서 포막을 이루는 액체의 흐름이 느리며 포의 점도가 클수록 우수하다. 천연단백질로부터 분해된 펩톤 성분은 열에 의해 경화가 진행된다. 그리고 안정제로 첨가하는 황산제일철은 Fe^{2+}이온이 열과 산소에 의해 Fe^{3+}로 산화되는 과정에서 포의 점도를 높여 포액의 유동성을 낮추어 준다. 또한 +2가 철이온의 산화반응은 가열에 의해 빨라지므로 포가 열을 받을수록 더욱 고체화되어 포의 경화를 촉진한다. 따라서 단백포에 첨가되는 안정제는 포의 경화를 촉진하여 소화작용 시 반고체 상태의 포말을 형성함으로써 포의 안정성과 내열성을 증가시키게 된다. 안정제로 사용되는 황산금속염의 금속은 철 이외도 +2가 금속으로서 아연(Zn), 코발트(Co), 마그네슘(Mg) 등이 있으나 철염의 효과가 가장 우수하다. 또한 금속염의 구성성분으로 황산이온 대신 염소이온을 사용할

10) 영어명은 Ferrous Sulfate 또는 Iron(II) Sulfate이다.

수 있으나($FeCl_2$) 내열성은 황산철염이 더 크다.

안정제로 첨가되는 황산철염은 수용액에서 산성을 띠므로 이를 고려하여 중화 탈염공정에서 중화반응 시 가수분해 수용액이 실제로는 약간의 염기성을 가지게 하는 것이 포원액의 최종적인 중성 상태를 위해 바람직하다.

단백포소화약제 제조의 일곱 번째 공정은 첨가제 첨가 과정이다.

이것은 첨가제로서 방부제와 부동제를 넣어주는 공정이며 흔히 조정공정이라고 한다. 단백포는 천연물질이 주성분이며 포의 안정제로 넣어주는 철염 성분 등으로 인해 변질되거나 부패되는 성질이 있다. 그러므로 단백포의 점검 주기는 3년 정도이며 부패 방지를 위해 염화페놀(chlorophenol)계 또는 벤조산나트륨(sodium benzoate, C_6H_5COONa))[11] 등의 방부제를 첨가한다. 또한 영하의 날씨에서 단백포 원액의 동결을 방지하기 위해 부동제를 넣어주어야 한다. 단백포의 운용 온도는 $-5°C \sim 30°C$로서 포 액의 유동점은 사용온도 보다 2.5°C 낮아야 하므로 -7.5°C이다. 이를 위해 사용되는 대표적인 부동액 성분은 잘 알려진 에틸렌글리콜(ethylene glycol, $C_2H_6O_2$)과 프로필렌글리콜(propylene glycol, $C_3H_8O_2$)이 있다.

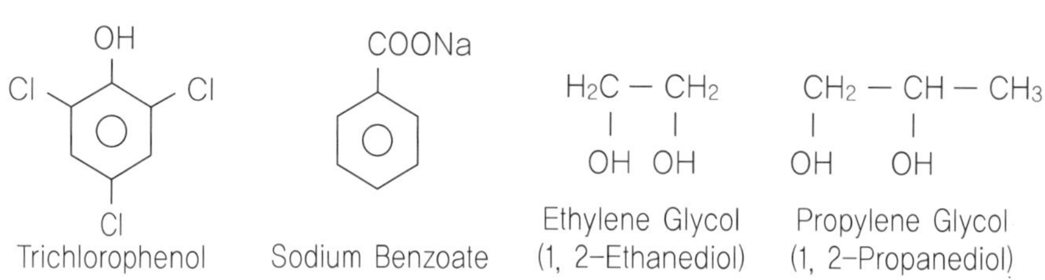

그림 3-4 단백포소화약제의 첨가제

11) 벤조산소듐 또는 안식향산나트륨이라고 한다.

여러 단계의 제조 공정을 거친 3%형 단백포소화약제의 발포 전 원액 성분은 대략적으로 포원액 85%, 물 6.5%, 부동제 5%, 방부제 0.5%, 안정제 0.5%, 기타 2.5%의 조성을 가진다. 기타 성분은 첨가제를 안정시키는 안정기제와 유동성 증가를 위해 넣어주는 요소(urea, $CO(NH_2)_2$) 성분 등이다. 포 원액 제조를 위한 성분 조정 시 물대신 바닷물을 사용하면 바닷물 속의 무기 이온들이 안정제의 역할을 하므로 철염의 양과 함께 고려해야 한다.

이와 같은 조성으로 각 성분량을 조정하는 것은 단백포의 소화특성이 성분함량에 따라 직접적으로 영향을 받기 때문이다. 만약 발포된 포의 내화성과 안정성을 높이기 위해 철염의 투입량을 증가시키면 포의 환원시간은 길어지지만 유동성이 낮아져 소화작용이 늦어진다. 단백포의 보관 시 천연물질인 동물성 단백질의 채취 과정에서 유입된 불순물로서 황(sulfur, S)이 포 원액 속에 남아있으면 금속관을 부식시켜 황화철(ironsulfide, FeS)을 형성하므로 미리 제거해야 한다.

단백포소화약제의 소화작용은 거품에 의한 유류 표면에서의 질식작용이 대표적이며, 부분적인 유화소화작용과 함께 수용액에 들어있는 물 성분에 의한 냉각소화작용이 있다.

단백포소화약제의 단점을 개선시킨 단백질계 포소화약제가 불화단백포(fluoroprotein foam)이다. 불화단백포소화약제는 국내의 경우 소화약제의 형식승인 및 제품검사의 기술기준에서 독립된 포소화약제의 형식으로 명시되지 않으나 단백포의 장점은 유지하면서 포의 유동성을 증가시킨 것이라 할 수 있다. 불화단백포소화약제는 단백포 원액에 불소(플루오르, F) 성분을 넣어주기 위해 탄화불소계(fluorocarbons) 합성계면활성제를 첨가한 것이다. 불소는 계면에너지를 감소시키는 특유의 성질을 가지고 있어서 불소를 첨가한 불화단백포의 유동성을 증가시킨다. 또한 불소 성분이 가지는 큰 내화성은 안정제로 넣어주는 철염의 양을 감소시킬 수 있어서 불화단백포의 유동성은 단백포에 비해 상대적으로 증가한다. 동일한 조건의 유류 표면에서 불화단백포가 가지는 포의 유동성은 단백포에 비해 대략 1.5배 정도 빨라 소화시간이 단축된다. 특히 불화단백포는 포소화액과 유류 간에 오염되지 않는 정도를 나타내는 내유성(내유염성)이 단백포에 비해 매우 높다. 따라서 유류 오염율에 따른 착화연소성이 단백포에 비해 상대적으로 낮다[12].

표 3-2 단백질계 포소화액의 연소성

유류 오염률(%)	연소시간(초) 및 연소상태	
	단백포	불화단백포
2.0	4	불연
8.5	지속	불연
17.0	지속	가열 시 부분 연소
23.0	지속	지속

불화단백포의 우수한 내유성은 포의 방사 형태에서도 단백포와 차이를 나타낸다. 단백포의 발포설비는 대부분 대형 유류탱크의 상부에 고정식으로 설치되어 화재 발생 시 유류 표면 위를 향해 포를 방사하는 상부 주입방식이다. 그러나 유류에 대한 오염도가 낮은 불화단백포는 포의 방사 형태가 표면하 주입(subsurface injection, SSI)방식으로 포말을 방출한다. 표면하 주입방식은 유류 탱크 하단에 설치된 포 방출구로부터 가연물 액체 내부로 포가 방출되는 방식으로서 포의 부상에 따라 유류 표면에 효율적인 포의 전개가 가능하며 부분적으로 유류의 수직적 이동을 물리적으로 수반한다. 유류의 이런 수직적 혼합은 하부의 차가운 유류를 상부로 이동시키게 되어 표면의 연소 온도를 낮추는 효과를 나타낸다. 또한 표면하 주입방식은 화재진압 시 소화설비의 효율적 운용을 가능케 한다. 단백포

12) 김영수 외 6인, 『최신소방약제화학』, 신광출판사(서울), 2판, p.95(2006).

와 같이 유류 탱크 상부에 설치된 설비의 경우 화재 초기 폭발이나 고온 화염에 의한 상승 기류 등에 의해 설비의 운용이 방해를 받을 수 있기 때문이다.

그러나 불화단백포 운용방식인 표면하 주입 방식도 점성이 큰 가연물 액체나 또는 수용성 액체의 경우에는 포의 이동성 저하와 소포성으로 인해 적용상의 제한성은 있다.

불화단백포는 제조 시 넣어주는 안정제의 양이 단백포에 비해 작다. 따라서 침전물 생성의 가능성이 크지 않아 보관이 단백포에 비해 용이하므로 보관기간은 일반적으로 8년 이상이다.

불화단백포의 제조는 전체적인 공정이 단백포의 제조 과정과 동일하나 안정제 첨가 공정에서 안정제와 함께 불소계 계면활성제를 추가로 넣어주는 것만이 다르다. 이때 첨가되는 안정제의 양은 단백포의 경우에 비해 상대적으로 더 작게 넣어준다. 불소계 계면활성제는 알킬기의 일부를 불소(플루오르, F)로 치환시킨 다양한 합성계면활성제들로서 포 원액 내 1% 이하의 농도로 첨가되어 포의 유동성과 내유염도[13]를 증가시킨다.

제조된 불화단백포 원액의 조성은 3%형의 경우 단백질 가수분해물 포 원액 85%, 물 4.8%, 안정제로서의 철염 0.2%, 불소계 계면활성제 2%, 부동제 5%, 방부제 1%, 요소를 포함한 기타 성분이 2% 정도이다. 이것은 단백포에 비해 안정제와 방부제의 양은 상대적으로 작고, 계면활성제가 새롭게 추가되었음을 나타낸다.

결과적으로 불화단백포소화약제는 단백포소화약제에 비해 내유성과 유동성이 상대적으로 우수하며 보관기간도 길다. 그러나 단점으로서 단백포에 비해 값이 비싸고 혹한기 사용상의 제한을 받는다는 점은 있다. 그럼에도 불구하고 불화단백포는 단백포를 개선한 포소화약제로서 유류화재에 실제적으로 많이 이용되고 있다.

---

13) 가연물질인 기름과 섞이지 않는 정도, 기름에 오염되지 않는 정도를 의미

불화단백포소화약제의 소화작용은 단백포와 동일하여 거품에 의한 질식작용이 대표적이며 물 성분에 의한 냉각작용과 부분적인 유화소화작용을 나타낸다. 다만 단백포에 비해 상대적으로 큰 유동성과 표면하 주입방식에 따른 포의 유류 표면 전개 속도가 빨라 소화시간이 단축된다.

3-2-3-2 합성계면활성제 포소화약제

합성계면활성제 포소화약제는 석유화학산업을 이용하여 인공적으로 합성한 탄화수소계(hydrocarbons) 계면활성제를 소화약제로 이용한 것이다. 특히 합성계면활성제 포소화약제로 사용되는 물질은 다양한 종류의 계면활성제들 중 물과 혼합 시 물의 표면장력을 감소시켜 거품 발생을 용이하게 하는 발포성(foaming) 계면활성제를 그 원료로 한다.

국내의 경우 소화약제의 형식승인 및 제품검사의 기술기준에서는 합성계면활성제 포소화약제를 "합성계면활성제를 주원료로 하는 포소화약제(수성막포소화약제는 제외)"로 규정하고 있다.[14]

계면활성제는 분자 내 길이가 길고 소수성(hydrophobic)을 띤 탄화수소 부분과 길이가 짧고 친수성(hydrophilic)을 띤 금속염(metal salt) 부분을 동시에 가지고 있다. 계면활성제의 종류는 물속에서 나타내는 친수성기의 특성에 따라 양이온계, 음이온계, 비이온계, 양쪽성이온계로 구분되며 그 중 합성계면활성제 포소화약제로 사용되는 것은 음이온계가 대표적이다. 음이온계 계면활성제는 일반적인 용도로서 주방용 세제 등으로 많이 이용된다.

소화약제로 사용되는 음이온계 계면활성제는 물속에서 계면활성을 가지는 친수성기의 형태에 따라 황산에스테르염($R-OSO_3M$), 카복실산염(R-COOM), 설폰산

14) 소화약제의 형식승인 및 제품검사의 기술기준, 제2조 4호(2017년 7월)

염($R-SO_3M$), 인산에스테르염($R-OPO_3M$), 아민염($R-NH_2M$) 등의 종류가 있으나 황산에스테르염과 에테르황산에스테르염이 대표적이다. 여기서 R은 계면활성제 내 공통적으로 들어있는 소수성 알킬기를 가리키는데 탄소 원자의 개수가 적어도 5 ~ 10개 이상이다. 또한 M은 금속을 상징하며 알칼리금속(alkali metal)인 나트륨(소듐, Na)과 칼륨(포타슘, K)이 일반적이다.

실제 합성계면활성제 포소화약제로 사용되는 황산에스테르염 계면활성제의 주성분은 분자의 형태가 고급알코올(higher alcohol) 황산에스테르염이다. 고급알코올은 분자 내 탄소 원자의 개수가 6개 이상인 지방족알코올(aliphatic alcohol)을 가리키는데 일반적으로는 고급지방산 에스테르염의 형태로 존재하며 계면활성제 용도의 경우 전체 탄소의 개수가 12 ~ 16개 정도이다.

합성계면활성제 포소화약제는 천연물질이 주성분인 단백질계 포소화약제에 비해 포의 발포성과 유동성이 우수하며 저온에서의 운용성이 높고 보관에 따른 변질의 우려가 없다.

합성계면활성제 포소화약제의 가장 큰 장점은 우수한 발포성이다. 일반적인 용도의 3%용 및 6%용 뿐만 아니라 고발포용으로서 1%, 1.5%, 2%의 농도 효능이 가능하여 다양한 종류의 화재에서 운용된다. 또한 합성계면활성제 포소화약제는 포의 유동성이 우수하여 소화시간이 짧고 표면장력의 감소로 인한 포 액의 침투성이 상대적으로 높아 소화효율을 증가시킨다.

따라서 합성계면활성제 포소화약제는 유류화재와 함께 일반화재에서도 소화약제로서의 사용이 효과적이며 지하시설물이나 창고 등의 대형 건축물화재와 차량화재 등에서도 효율적인 소화작용을 나타낸다.

그러나 합성계면활성제 포소화약제는 단백질계 포소화약제에 비해 포가 깨어지는 환원시간이 짧고 내화성과 내유성이 낮으며 자연에서의 분해가 어려운 단점을 지닌다. 그러므로 포 원액의 제조 시 필요한 첨가제들을 넣어준다. 즉, 합성계면활성제 포소화약제의 원액에는 포의 안정성을 높이기 위한 안정제, 포 액에 의한 설비 부식을 방지하기 위한 방청제(rust inhibitor), 음이온계 친수성기의 계면활성 유지를 위한 경수연화제(water softner), 포수용액의 동결을 방지하기 위한 부동제 등을 넣어준다.

안정제로 들어가는 고급알코올은 사슬형(normal, n-) 포화알코올들이며 탄소 개수가 12개인 라우릴알코올(lauryl alcohol)과 14개인 미리스틸알코올(myristyl alcohol)이 대표적이다. 첨가되는 양은 포수용액 전체에 대해 1 ~ 5% 농도이다.

방청제는 합성계면활성제 포수용액 속의 황산기 또는 암모늄염에 의한 금속의 부식을 방지하기 위해 넣어주는 물질들로서 인산에스테르염, 카복실산(carboxylic acid), 아질산염(nitrite salt)류의 화합물들이 있으며 첨가되는 양은 포수용액 전체에 대해 1% 미만의 농도이다.

경수연화제는 물의 경도를 결정하는 물 속 금속 양이온을 제거하는 물질로서 물질 자체의 전하를 가지지 않아야 한다. 포수용액의 제조 과정에서 합성계면활성제를 물과 섞을 때 물속에 칼슘 등의 금속 이온이 있으면(경도가 높으면) 계면활성제 내 계면활성을 나타내는 음이온성 친수성기의 기능이 약화된다. 따라서 자체적으로 전하를 띠지 않는 비이온성 경수연화제로 에틸렌디아민사초산염(ethylene diaminetetraacetic acid, EDTA) 등의 킬레이트제(chelating agent)가 사용된다. 첨가되는 양은 전체 포수용액 양의 1% 미만이다.

합성계면활성제 포소화약제 수용액에 겨울철 동결을 방지하기 위해 넣어주는 부동제는 단백질계 포소화약제에 비해 첨가량이 상대적으로 많으며 전체 수용액 양에 대해 20 ~ 30%이다. 대표적인 물질로는 에틸렌글리콜과 프로필렌글리콜 이외도 에틸렌글리콜알킬에테르류가 있으며, 특히 에틸렌글리콜알킬에테르 화합물은 부동제로서의 역할과 함께 고발포 시 포수용액의 팽창률을 증가시키는 기능이 있다.

그러므로 합성계면활성제 포소화약제의 제조는 특별한 공정상의 순서가 필요치 않고 대략적인 조성으로서 물 50%, 합성계면활성제 원액 20%, 부동제 20 ~ 30%, 안정제 5% 미만, 그리고 기타 첨가물(방청제, 경수연화제, 방부제) 1% 미만의 조건으로 혼합하면 된다. 다만 합성계면활성제 포소화약제는 제조 회사에 따라 계면활성제 성분상의 차이가 있으므로, 함께 혼용할 경우 소화 성능을 결정하는 친수성기 사이의 상호작용으로 인해 약제의 소화기능이 저하될 가능성이 있으므로 주의하여야 한다.

합성계면활성제 포소화약제는 단백질계 포소화약제에 비해 방부제를 거의 사용하지 않으나 합성계면활성제의 원료로서 천연 식물성 기름을 사용했을 경우와 물 속의 미생물에 의한 소화약제의 변질을 대비하여 소량을 첨가한다.

합성계면활성제포의 소화작용은 기계포소화약제들이 가지는 공통적 요소로서의 질식작용이 대표적이며 물 성분에 의한 냉각소화와 유화층 형성에 의한 유화소화작용이 있다. 또한 합성계면활성제포는 단백질계 포소화약제에 비해 소화성능이 낮아 저발포용의 경우 소화작용이 효과적이지 못하므로 일반적으로는 고발포용으로 운용된다. 따라서 고발포용으로 발포할 경우 고유의 큰 유동성으로 인해 짧은 시간 내 큰 발포량과 포의 빠른 전개가 가능하여 유류화재뿐만 아니라 일반화재 등 다양한 형태의 화재에 사용될 수 있다. 특히 소화시간이 상대적으로 짧고 고발포가 가능하므로 소화작업에 사용되는 물의 양이 작아 이차적인 수손피해를 줄일 수 있는 장점이 있다. 특히 단백질계 포소화약제에 비해 변질성이 낮아 장기간의 보관이 용이하고 가격도 저렴하다.

그러나 합성계면활성제 포소화약제는 유류화재의 경우 일반적인 유출유화재의 소화에는 효과적이지만 대형 유류탱크 화재 시 포의 내열성이 낮아 윤화현상이 발생되므로 유류저장탱크의 소화설비용 약제로는 용도가 적합하지 않다.

합성계면활성제 포소화약제의 저장온도와 유동점은 −10 ~ 30°C와 −12.5°C이다

(유동점은 최저 저장온도보다 2.5°C 낮다).

3-2-3-3 수성막포소화약제

수성막포소화약제(aqueous film forming foam agents)는 불소계 계면활성제 성분의 합성유기화합물을 물에 희석시킨 것이다. 불소계 계면활성제는 계면활성제 내 소수성기가 탄화수소 대신 탄화불소(fluorocarbon) 성분으로 이루어진 화합물이며, 탄화수소 내 수소 원자가 전체 혹은 부분적으로 불소(플루오르, F)로 치환된 구조이다.

국내의 경우 소화약제의 형식승인 및 제품검사의 기술기준에서 제시한 표현 역시 "합성계면활성제를 주원료로 하는 포소화약제 중 기름 표면에서 수성막을 형성하는 포소화약제"로 규정하고 있다.[15] 이것은 미국방화협회(NFPA)의 "20°C 사이클로헥산(cyclohexane, C_6H_{12})의 액면 위에 수성막을 형성하는 물질"이라는 규정과 유사하다.

수성막포라는 명칭은 유류 표면에서 물 성분으로 이루어진 얇은 막, 즉 수성막을 형성하는 성질이 있음으로부터 유래되었다. 1960년대 미국 해군으로부터 이 물질의 제조 특허를 인수한 3M 회사에서 'Light Water'라고 상품명을 정한 것과 같이 유류화재 시 이 소화약제를 분사하면 유류 표면에 수성막이 형성된다. 물은 기름보다 비중이 커 기름 아래로 가라앉아야 하나 이 소화약제에 의해 형성된 얇은 수성막은 물이 포함되어 있음에도 불구하고 상품명의 표현처럼 기름의 상층부 표면에 형성된다. 'Light Water'는 그 이후 제조과정에서의 독성물질 발생으로 인해 생산이 중지되었으나 유사한 기능의 여러 종류의 수성막포가 지속적으로 개발되어 최근에 이르기까지 유류화재에 가장 효율적인 포소화약제로 이용되고 있다.

---

15) 소화약제의 형식승인 및 제품검사의 기술기준, 제2조 5호(2012년 2월)

수성막포는 포소화약제의 원액이 탄화불소계 계면활성제가 주성분이므로 소화약제의 명칭을 탄화불소계 합성계면활성제포 소화약제라고 말해야 하는 것이 일반적이지만 실제로는 수성막형성포(aqueous film forming foam, AFFF)라는 역사적 의미가 반영된 대표적 명칭으로서 수성막포소화약제라고 한다.

수성막포소화약제의 성분은 탄화불소계 계면활성제 분자들 안에서도 다양한 종류가 있으나 황산에스테르염 및 카복실산염 형태의 친수성기를 가진 음이온계 계면활성제가 대표적이며 일반적으로는 황갈색을 띤 무독성 액체이다..

탄화불소계 계면활성제는 탄화수소계 계면활성제에 비해 물의 표면장력을 낮추는 효과가 상대적으로 더 크다. 따라서 수성막포는 유류화재용 포소화약제들 중 포의 유동성이 가장 크고 합성계면활성제포 소화약제에 비해 두 배 정도이다.

그리고 수성막포소화약제는 내유성이 불화단백포보다 강하여 발포 시 불화단백포의 경우처럼 표면하 주입방식이 가능하므로 포의 전개가 균일하며 빠르다.

또한 수성막포소화약제는 성분의 특성상 부패와 변질의 가능성이 매우 낮아 장기적인 보관이 가능하고, 저온에서의 운용에 적합하여 내한용 소화약제로 이용된다. 사용 온도는 −20 ~ 30°C이며 유동점은 −22.5°C이다.

수성막포는 일반적으로 3%용 및 6%용으로 제조되며 고발포 형태로는 운용되지 않는다. 이것은 큰 유동성에 따른 포의 전개 속도가 빠르다는 특성적 영향도 있으나 근본적인 이유는 유류 표면에 형성되는 수성막이 유류 증기를 차단하여 거품의 기능을 부분적으로 대신하기 때문이다. 따라서 수성막포소화약제의 소화작용은 유류화재용 포소화약제들이 가지는 질식소화, 냉각소화, 유화소화의 세 기능과 함께 추가적으로 부분적인 제거소화까지 나타낸다고 할 수 있다.

그러므로 수성막포소화약제는 단백포 소화약제에 비해 세 배 이상의 소화성능을 나타내어 일반적인 유출유 화재뿐만 아니라 정유시설화재, 격납고화재 등의 다양한 유류화재에 사용되고 있다. 특히 유류화재의 소화과정에서 제3종 분말소화약제(ABC급 분말소화약제)와 혼용이 가능하며, 함께 사용할 경우(Twin Agent system) 소화효율을 증가시킬 수 있다.

그러나 수성막포소화약제는 휘발성이 큰 유류와 높은 온도의 일반 유류에서 소화성능이 현저히 감소한다. 그것은 포의 내열성이 약해 포가 깨어졌을 경우 포말 내 가연성 유증기에 의한 포의 착화도가 증가하고, 소화된 표면에서의 재착화 가능성이 커지기 때문이다. 또한 수성막포소화약제는 낮은 내열성으로 인해 유류저장탱크 화재 시 윤화현상을 발생시키므로 대형 유류탱크설비용 소화약제로는 적합하지 않다.

3-2-3-4 알코올형포소화약제

알코올형포소화약제는 국내의 경우 소화약제의 형식승인 및 제품검사의 기술기준에 "단백질 가수분해물이나 합성계면활성제 중에 지방산금속염이나 타계통의 합성계면활성제 또는 고분자겔 생성물 등을 첨가한 포소화약제로서 위험물안전관리법 시행령 별표 1의 위험물 중 알코올류, 에테르(에터)류, 에스테르(에스터)류, 케톤류, 알데히드류, 아민류, 니트릴류 및 유기산 등 수용성용제의 소화에 사용하는 약제"라고 정의되어 있다.[16)]

알코올형포소화약제는 수용성 액체 가연물 화재를 소화하기 위한 포소화약제로서 금속비누형(metal soap type), 고분자겔 생성형(polymer gel formation type), 불화단백형(fluoroprotein type)의 세 종류가 있다. 알코올형포소화약제는 내알코올포소화약제라고도 하며 알코올류 혹은 에테르류 등과 같이 일반적인 기계포에 대해 소포성(거품이 깨어지는 현상)을 가진 액체 가연물들의 연소 시 액체 표면에 거품을 형성하여 소화하는 약제이다.

16) 소화약제의 형식승인 및 제품검사의 기술기준, 제2조 6호(2017년 7월)

알코올과 같이 실온에서 액체 상태인 수용성 가연물 액체는 일반적인 포소화약제로 발포된 포와 접촉 시 용해과정을 통해 포말의 수분을 흡수하여 포를 깨어지게 한다(소포현상). 또한 이와 동시에 가연물 액체 내 수용성 용제 성분은 포말 쪽으로 이동하여 포의 유기성분을 순간적으로 고형화하여 포의 깨어짐을 촉진한다. 따라서 알코올류의 화재에서 사용할 수 있는 포소화약제는 알코올류에 대해 소포현상을 나타내지 않는 성분이어야 한다.

알코올형포소화약제는 이와 같이 수용성 액체가연물의 소화에 사용되지만 일반적인 유류화재에도 소화작용을 나타낸다.

금속비누형 알코올형포소화약제는 주성분에 따라 크게 두 종류로 구분된다. 첫 번째는 지방산금속염 형태의 비누 성분을 단백질 가수분해물과 혼합한 것이다. 이것은 발포된 거품에 의해 소화작용을 나타내되 거품 표면에 형성된 불용성 금속염으로 인해 가연성 액체에 의해 포가 오염되는 것을 차단하게 한 것이다. 그러나 이것은 유동성이 매우 약하고 물과 혼합 시 불용성 금속염의 침전이 2 ~ 3분 이내 쉽게 발생하므로 실제적으로는 거의 사용하지 않는다. 금속비누형 알코올형포소화약제의 두 번째 종류는 첫 번째 종류의 것에 탄화수소계 합성계면활성제를 첨가한 것이다. 이 경우 포의 유동성은 상대적으로 증가하나 내열성이 감소하며 물과의 혼합과정에서도 불용성 금속염의 침전을 다량 발생하는 사용상의 문제점을 가지고 있다.

고분자겔 생성형 알코올형포소화약제는 소화를 위한 발포 시 수용성 액체 가연물의 표면에서 고분자겔을 형성하는 기계포소화약제로서 고분자겔 생성물을 탄화수소계 계면활성제에 넣은 것과 탄화불소계 계면활성제에 넣은 두 종류가 있다.

고분자겔 생성물로 사용되는 성분은 수용성 고분자 생성체인 알긴산나트륨(알긴산소듐, sodium alginate, $(C_6H_7O_6Na)_n$), 폴리비닐알코올(polyvinyl alcohol, $(C_2H_3OH)_n$) 폴리아크릴산나트륨(sodiumpolyacrylic acid, $(C_2H_3COONa)_n$) 등이

있으며 가연성인 수용성 액체 표면에서 수용성 겔 상태의 피막을 형성한다. 고분자겔 생성형 알코올형포소화약제는 고분자겔에 의한 높은 점도로 인해 사용온도가 5°C 이상이어야 하는 문제점이 있어 사용이 제한적이다.

불화단백형 알코올형포소화약제는 단백질 가수분해물에 불소계 합성계면활성제를 첨가한 것이다. 따라서 성분상으로는 불화단백포 소화약제와 유사하나 근본적인 차이는 2 ~ 3% 농도로 첨가되는 불소계 계면활성제의 종류가 수용성이라는 점이다. 소화약제로서 가지는 소화특성도 불화단백포와 거의 동일하지만 유류화재와 알코올류 화재에 모두 사용가능하다는 점과 사용온도가 -20°C에서도 가능하다는 점이 특징적이다. 그러나 가격이 비싼 편이며 단백질 가수분해액 내 불순물로서 금속이온이 있을 경우 소화성능이 급격히 감소하는 단점이 있다.

여러 장·단점과 함께 불화단백형 알코올형포소화약제는 높은 내열성과 내유성을 나타내어 대형 알코올 저장탱크의 화재 소화에서도 윤화현상을 발생하지 않고 표면하 주입방식도 가능하므로 수용성 가연물액체 화재소화에 가장 폭넓게 이용되고 있다.

불화단백형 알코올형포소화약제는 제품에 따라 차이가 있으나 일반적으로 단백질 가수분해물 30 ~ 50%, 물 40 ~ 50%, 불소계계면활성제 5%, 안정제 및 부동제 10% 정도의 조성을 가지며 국내의 경우 3%용 및 6%용으로 제조되어 발포비 6 ~ 20배의 저발포로 운용된다.

알코올형포소화약제의 소화작용은 포말에 의한 질식소화와 물 성분에 의한 냉각소화가 주된 효과이지만 소화약제 내 물에 의해 수용성 가연물의 농도가 희석되는 약간의 희석소화작용도 있다.

3-2-3-5 기계포소화약제의 팽창비

기계포소화약제는 동일한 포 원액에서 발포비와 발포 방법에 따라 전혀 기능이 다른 거품이 발생된다. 팽창비는 발포비라고도 하며 발포기를 통해 생성된 거품의 총 부피를 발포액의 부피로 나눈 값이다. 즉, 액체 상태의 포수용액 부피에 대해 발포된 거품의 부피가 몇 배인가를 의미한다.

$$\text{팽창비(발포비)} = \frac{\text{발포된 포의 부피}}{\text{포수용액의 부피}} \qquad \text{(식 3-4)}$$

발포비는 배율에 따라 저발포(low expansion foam)와 고발포(high expansion foam)로 구분하며 국가별로 필요에 따라 중발포(medium expansion foam)를 명시하기도 한다.

표 3-3 포소화약제의 팽창비 구분

분류 / 국가	저발포	중발포	고발포
한국, 일본	6 이상 20 이하		80 이상 1000 미만 제1종 기계포 80 이상 250 미만 제2종 기계포 250 이상 500 미만 제3종 기계포 500 이상 1000 미만
미국	6 이상 20 미만	20 이상 200 미만	200 이상 1000 미만
유럽	6 이상 50 미만	50 이상 500 미만	500 이상 1000 미만

기계포소화약제로 사용할 수 있는 물질은 국내의 경우 '소화약제의 형식승인과 제품검사의 기술기준'을 만족해야 하며 소방방재청 고시로 이를 규정하고 있다.[17] 이 기준에 명시된 소화약제의 종류는 단백포소화약제, 합성계면활성제포 소화약제, 수성막포소화약제, 알코올형포소화약제의 네 종류이다. 포수용액 제조를 위한

17) 소화약제의 형식승인 및 제품검사의 기술기준(2017년 7월)

물과의 희석 비율은 네 종류 모두 3%와 6% 두 종류가 있으나 합성계면활성제포 소화약제의 고발포형 경우만 1.0%, 1.5%, 2.0%의 세 종류로 규정되어 있다. 포 수용액의 농도는 포수용액 내 포함된 발포성분 원액의 부피백분율을 나타낸다.

$$\text{포수용액의 농도}(\%) = \frac{\text{포원액의 부피}}{\text{포수용액의 부피}} \times 100\% \qquad \text{(식 3-5)}$$

예제 3-1 2% 합성계면활성제포 수용액 내 들어있는 합성계면활성제의 부피가 20리터(L)이고 발포비 800배로 분출되는 포의 총 부피는 몇 m^3인가?

풀이 먼저 (식 3-5)를 이용하여 포수용액의 부피를 구한다.

포수용액의 부피(L) = 포 원액의 부피 ÷ 포수용액의 농도(%농도 ÷ 100%)
= 20 L ÷ 0.02
= 1000 L

계산된 포수용액을 (식 3-4)에 대입하여 발포된 포부피를 구한다.

발포된 포의 부피 = 포수용액의 부피 × 발포비
= 1000 L × 800 배
= 800,000 L
= 800 m^3

정답 800 m^3

기계포소화약제의 팽창비는 소화약제의 종류, 포수용액의 농도, 발포장치의 종류에 따라 달라진다. 특히 발포장치는 팽창비와 직접적인 연관성이 있으며 고발포용으로는 공기를 장치 내로 빨아들이는 흡입식과 장치 내로 공기를 밀어 넣는 압입식이 있다.

차고지와 주차장에 사용되는 저발포용 소화약제는 모든 형태의 포방출구가 가능하지만 항공기 격납고와 대형 유류저장탱크의 고정식 기계포 소화설비와 같이 짧은 시간 내 많은 양의 포를 발생시키는 고발포의 경우는 흡입식과 압입식의 대표적인 두 가지 형태의 발포장치(foam generator)만이 가능하다. 흡입식은 흔히 아스피레이터(aspirator)형이라고 하며 포수용액이 빠르게 이동하여 분사될 때 벤튜리(Venturi)효과에 의해 감압된 발포기 내부로 공기가 자연적으로 흡입되어 포수용액과 섞인 후 포막(foam screen)에서 거품을 생성하는 방식이다. 그러나 압입식은 송풍기(blower)형이라고 하며 분무되는 포수용액에 공기를 강제로 송풍하여 혼합시킨 후 포막을 통해 거품을 발생시키는 원리이다. 흡입식이 고발포가 가능한 발포장치이지만 실제적으로는 발포비가 250배 정도인 중발포에 많이 사용되며 압입식이 대표적으로 고발포에 이용된다.

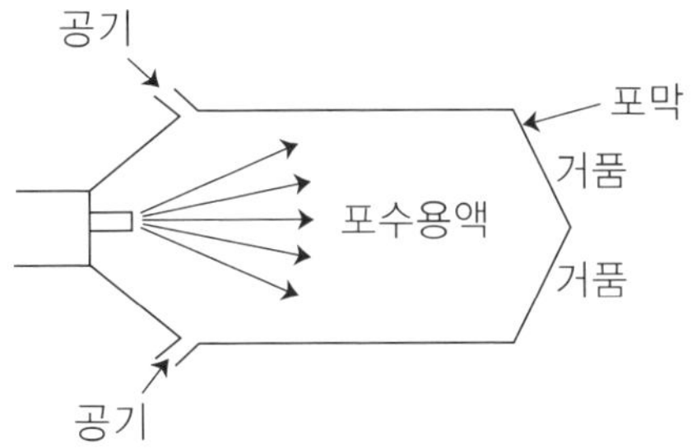

그림 3-5 흡입식 발포장치

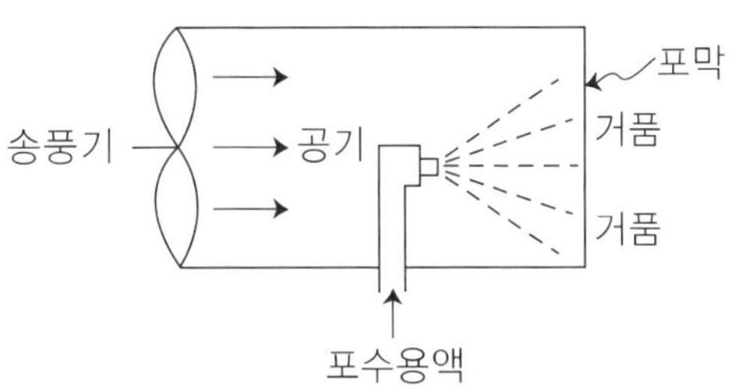

그림 3-6 압입식 발포장치

3-2-3-6 기계포소화약제의 혼합방식

기계포소화약제의 포수용액 제조는 물과 포 원액을 일정 농도로 섞어주는 과정이다. 정확한 농도로 빠르게 두 액체를 혼합시키는 방법에는 두 가지 상반된 방식이 있다. 그것은 벤튜리관을 이용한 흡입식과 오리피스(orifice)관을 이용한 압입식이다. 벤튜리관을 이용한 흡입식은 혼합장치 내 감압을 통해 약제를 유입시키는 방식이며, 압입식은 혼합기 내로 강하게 밀려든 물에 의해 약제가 혼합되는 방식이다. 벤튜리관은 빠른 유속을 통해 감압발생을, 오리피스관은 유체 전단면의 크기 변화를 통해 유속 증가를 목적으로 하는 장치이다.

이것을 다시 세분하면 기계포소화약제의 포수용액 제조를 위한 물과 소화약제의 혼합 방식은 차압혼합방식(pressure proportioner type), 관로혼합방식(line proportioner type), 펌프혼합방식(pump proportioner type), 압력혼합방식(pressure side proportioner type)의 네 가지 형태로 분류된다.

차압혼합방식은 물과 소화약제가 섞여지는 장소인 혼합기와 약제저장탱크 사이의 압력차를 이용해 약제를 혼합기로 유입시키는 가장 대표적인 방식이며 압입식과 압송식의 두 형태가 있다.

압입식은 펌프로부터 가압된 물이 혼합기로 송수되어 일부는 혼합기 내 벤튜리관을 통과하고, 다른 일부는 약제탱크로 들어간다. 그러므로 약제탱크 내 소화약제는 혼합기의 벤튜리효과로 인한 흡인력과 약제탱크 내로 직접 유입된 가압수의 압력으로 인해 혼합기로 분출되어 물과 혼합되게 된다. 이때 약제탱크 위쪽으로 직접 유입된 물은 약제액과의 비중차이로 인해 약제탱크 내에서 압력만을 효과적으로 제공한다.

그러나 압송식 차압혼합방식은 펌프로부터 가압된 물이 혼합기와 약제탱크로 동시에 송수되는 점은 동일하나 약제탱크의 아래쪽으로 들어가서 격막(diaphragm)을 밀어 올려 약제를 혼합기로 송출하는 점이 다르다.

차압혼합방식은 혼합기의 압력손실(0.4~2.1 kg/cm^2)이 적고 효율이 높다는 장점으로 인해 국내 기계포 소화설비의 대부분이 실제적으로 운용하고 있는 방식이다. 그러나 적정 혼합비에 도달하는 시간이 다른 혼합방식에 비해 다소 길고, 수성막포와 같이 비중이 물과 유사한 약제의 혼합시 약제량 조절이 어렵다는 점은 단점이라 할 수 있다.

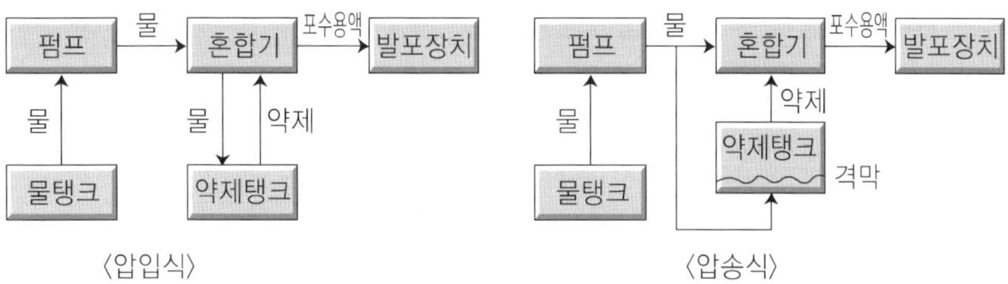

그림 3-7 차압혼합방식 기계포 혼합장치

관로혼합방식은 가장 간결한 혼합방식으로서 혼합기 내로 약제를 유입하는 힘이 단순히 혼합기의 벤튜리 효과에만 의존한다. 그러므로 이 혼합방식은 저렴한 설비 비용에도 불구하고 혼합기의 제한된 흡입력으로 인해 소규모 설비에 적합하다. 흡입 시 압력손실은 전체압력의 $\frac{1}{3}$정도로 커서, 흡입 가능 높이가 1.3 m정도로 작다는 점이 단점이다.

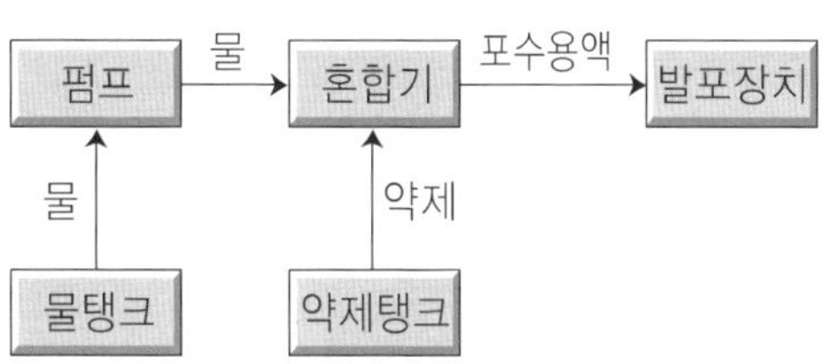

그림 3-8 관로혼합방식 기계포 혼합장치

펌프혼합방식에서 혼합기의 벤튜리 효과를 통해 약제를 흡입하는 원리는 다른 혼합방식과 유사하다. 그러나 차이점은 벤튜리 효과를 일으키는 유체가 순수한 물이 아니라 묽은 포수용액이라는 점이다. 또한 정확한 농도의 포수용액 제조를 위해 농도조절기(metering valve)가 설치되어 있으며 필요시 약제 탱크와 물탱크 입구 부분에 유량계가 설치되기도 하는 것은 특징적이다. 이 방식은 혼합기와 병렬로 연결된 펌프의 기능이 중요하며 다른 혼합방식에 비해 소화약제의 손실이

적은 장점으로 인해 포소화용 화학소방차에 주로 사용된다. 그러나 약제로 인한 펌프의 부식이 상대적으로 심한 것이 단점이다.

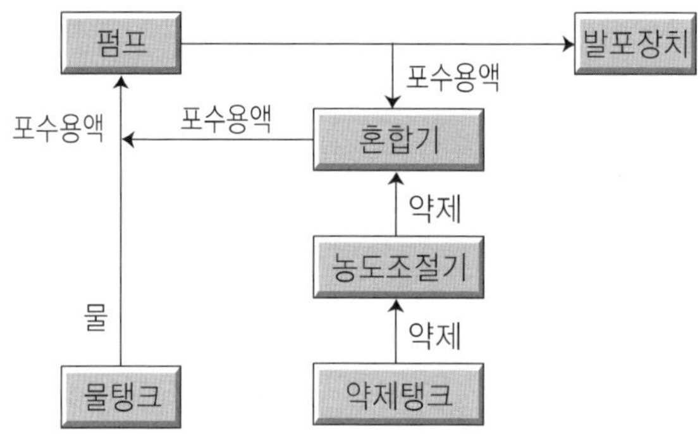

그림 3-9 펌프혼합방식 기계포 혼합장치

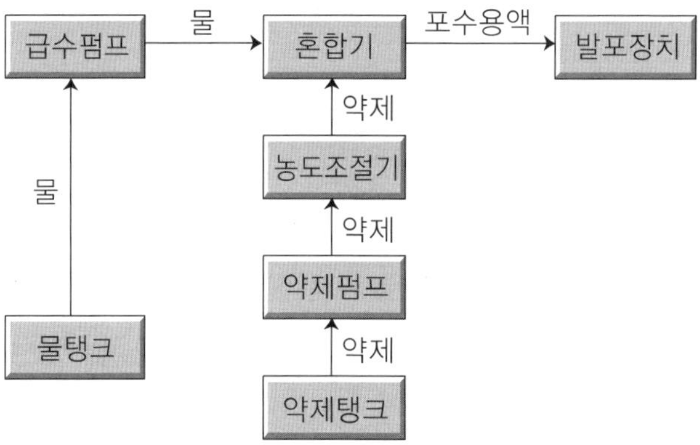

그림 3-10 압력혼합방식 기계포 혼합장치

압력혼합방식은 혼합기 내로 유입되는 소화약제가 압력에 의해 이루어진다는 점이 특징이다. 다른 방식들은 혼합기 내로의 약제 유입이 혼합기의 벤튜리 효과에 의한 흡입식이지만 이 방식은 압입식이다. 그러므로 급수용 펌프와 함께 약제용 펌프가 독립적으로 필요하며 혼합기 내로 유입되는 급수압보다 약제액의 압력이 더 높아야 한다. 관내의 유체가 구분되어 운용되는 장점으로 인해 보관과 재사용이 용이하며 가압에 따른 대량발포가 가능하다. 따라서 광범위 고정식포소화설비에 효과적이며 특수화학소방차에도 적용 가능하다. 그러나 광역설비로서의 초기 설치비와 펌프의 구입과 부식에 따른 유지비 등이 크다는 단점이 있다.

이 같은 네 가지 형태의 혼합방식을 운용하는 혼합장치(proportioner)는 국내의 경우 화재안전기준에 의해 한국소방산업기술원 등의 성능시험기관에서 성능을 검증받은 제품을 사용하도록 의무화되어 있다. 또한 여기에 적용되는 혼합장치의 성능 기준(포소화약제 혼합장치의 성능시험기술기준)은 소방방재청 고시에 의해 명시되어 있다.

3-2-4 포소화약제의 저장과 방출

소화설비에 사용되는 기계포소화약제는 단백질 가수분해물의 양에 따라 차이가 있으나 대부분 변질과 동결의 위험이 낮은 곳에 보관해야 하며 액량을 쉽게 확인할 수 있어야 한다. 기계포 소화설비에 관한 규정은 건축물의 종류에 따라 두 종류로 구분되어 있다. 일반 건축물과 특수가연물 관련 시설 등은 국가화재안전기준(NFSC 105)에 명시되어 있으며 위험물 관련 시설은 위험물안전관리법에 규정되어 있다.

기계포 소화설비의 설치 방식은 국내 규정이 없으나 미국방화협회(NFPA)의 분류는 크게 고정식(fixed system), 반고정식(semi fixed system), 이동식(mobile system), 휴대식(portable system)의 네 가지로 구분한다.

고정식은 포 방출을 위한 포발생장치, 이동 배관, 포방출구(foam outlet)가 모두 방호대상물에 고정되어 있는 방식으로서 제한된 관리 인원과 작은 규모에 적합하다. 반고정식은 배관과 방출구는 방호대상물에 고정되어 있으나 포발생을 위한 포수용액은 차량에 의해 고정된 연결구로 공급되는 방식이다. 반고정식은 옥외 대형탱크를 가진 넓은 지역에 적합하다. 이동식은 포발생에 필요한 모든 설비가 차량에 장치되어 있거나 차량에 의해 견인되는 설비 방식이다. 휴대식은 포발생 관련 설비 전체를 손으로 이동할 수 있도록 한 것으로서 포의 방출량이 매우 작다.

기계포가 방출되는 마지막 분출구를 방출구라고 하며 화재안전기준에서는 형태에 따라 고정포방출구, 포 헤드, 포 소화전, 호스릴포(hose reel foam), 포 모니터(foam monitor)의 다섯 가지로 분류한다.

고정포방출구는 옥외 위험물 저장탱크 옆부분 벽에 부착된 고정된 방출구를 가리키며 저장물의 종류에 따라 다양한 형태의 포챔버(foam chamber)를 통해 방출한다.

포 헤드는 고정된 배관 끝에 포의 헤드를 설치하여 포를 방출하는 형태이며 헤드의 종류는 일반 헤드(foam head)와 거품수 스프링클러헤드(foam water sprinkler head)가 있다.

포 소화전은 물 소화전과 마찬가지로 고정식 배관으로부터 이송된 포를 호스와 노즐을 이용하여 사람이 직접 방출하는 방법이며 옥외 주차장 또는 위험물저장탱크의 보조 설비에 이용된다.

호스릴포는 차량 등의 이동식 포소화설비에 직접 연결된 호스릴을 이용하는 방출 방식이며 포 발생량이 제한적일 경우에 적합하다.

포 모니터는 고정되어 있으나 포 방출구의 각도를 조절할 수 있는 방출구를 가리킨다. 짧은 시간에 많은 양의 포를 효율적으로 방출하는 방법이며 고정식과 이동식 모두 가능하다. 포소화설비에 필요한 포소화약제의 저장량은 화재안전기준(일반건축물 및 특수 가연물 시설 대상)과 위험물안전관리법(위험물 저장시설 대상)에서 포 방출구 형태에 따라 고정식 포방출구 방식, 옥내 포 소화전 방식, 포

헤드 방식, 포 모니터 방식의 네 가지로 산정량을 규정하고 있다.

3-2-4-1 고정포방출구방식의 약제저장량(NFSC, 위험물안전관리법)

고정포방출구방식의 약제량 산정방법은 화재안전기준과 위험물안전관리법이 모두 동일하여 일반 건축물뿐만 아니라 특수 가연물 관련 시설과 위험물 관련 시설에 공통적으로 적용된다.

고정식 포방출구 방식의 소화약제 저장량은 방호대상물의 크기에 따라 필요한 기본량에 보조포 소화전 약제량과 송액관 체적량을 합한 값이다.

$$\underset{(L)}{\text{포소화약제의 저장량}} = \underset{(L)}{\text{기본량}} + \underset{(L)}{\text{보조포 소화전 약제량}} + \underset{(L)}{\text{송액관 체적량}} \quad \text{(식 3-6)}$$

기본량은 또한 방호대상물질의 종류에 따라 비수용성과 수용성의 경우로 구분한다. 대상방호물질이 비수용성 위험물일 경우는 소화대상 탱크의 액 표면적, 단위 면적에 대한 분당 포수용액 방출량, 최대방출시간 및 포소화약제의 농도에 의해 기본량의 크기가 결정된다.

$$\underset{(\text{비수용성위험물, L})}{\text{포소화약제의 기본량}} = \underset{(m^2)}{\text{탱크 액표면적}} \times \underset{(L/m^2 \cdot min)}{\text{포수용액 분당 방출량}} \times \underset{(min)}{\text{방출시간}} \times \underset{(\%)}{\text{약제농도}} \quad \text{(식 3-7)}$$

여기서 포수용액 방출량($L/m^2 \cdot min$)은 포수용액의 양과 소화대상 위험물의 종류에 따라 달라지는 값이지만, 비수용성 위험물에서 특형의 경우($8\ L/m^2 \cdot min$)를 제외한 대부분의 경우는 그 값이 $4\ L/m^2 \cdot min$이다.

예제 3-2 유류탱크 내 저장된 유류 액면의 표면적이 $20\ m^2$이고 고정포방출구를 통해 방사되는 포수용액의 분(minute, min)당 방출량이 $4\ L/m^2$이라면 10분의 방출시간에 필요한 3% 수성막포 소화약제의 기본저장량은 몇 L인가?

풀이 (식 3-7)을 이용하여 소화약제의 양을 구한다.

$$\begin{aligned}\text{소화약제량} &= \text{유류표면적} \times \text{포수용액방출량} \times \text{방출시간} \times \text{약제 농도} \\ &= 20\ m^2 \times 4\ L/m^2 \cdot min \times 10\ min \times 3\% \\ &= 2400\ L\end{aligned}$$

정답 2400 L

그러나 고정포방출구 방식에서도 대상방호물질이 수용성 위험물일 경우에는 비수용성 위험물에 비해 소화약제의 저장량이 상대적으로 더 많아야 한다. 수용성 위험물이 비수용성 위험물에 비해 증가되는 소화약제 저장량 비율을 수용성 위험물의 위험물계수(hazmat coefficient)라고 한다. 그러므로 고정포방출구 방식에서 수용성 위험물 경우의 소화약제 저장량은 비수용성 위험물 경우의 계산된 양에 위험물계수를 곱해 준 값이 된다.

포소화약제의 기본량(수용성위험물, L) = 비수용성 위험물 포소화약제 저장량 × 위험물계수 (식 3-8)

위험물계수[18]는 1.0 ~ 2.0의 값으로 표현되는 물질 고유치로서 수용성 위험물질들 각각의 소화난이도를 나타낸다. 예로서 위험물계수가 1이면 수용성 위험물일지라도 비수용성 가연 위험물과 소화약제량이 동일하다. 위험물계수는 위험물안전관리법 세부기준에 명시되어 있으며 그 중 일부를 소개하면 다음과 같다.

18) 위험물안전관리법 세부기준 제133조 1호 가목의 표2(2017년 12월)

표 3-4 수용성 위험물의 위험물계수

위험물계수	위험물질명		
1.0	메틸알코올 글리세린 사이클로헥사논	에틸알코올 아세톤 아닐린	에틸렌글리콜 메틸에틸케톤 에틸렌디아민
1.25	프로필알코올 아크릴알데히드(아크로레인) 아크릴로니트릴	부틸알코올 크로톤알데히드 초산	디이소프로필에텔 에틸아민
1.5	1,4-디옥산		
2.0	t-부틸알코올 테트라하이드로퓨란	디에틸에텔 아세트알데히드	에틸부틸에텔 프로필렌옥사이드

예제 3-3 다음의 가연성 위험물질이 보관된 시설에 대한 고정식 포방출구 방식의 포소화설비에 필요한 소화약제량을 동일한 농도와 조건에서 큰 순서대로 나열하시오.

벤젠(benzene), 디에틸에텔(diethylether), 디옥산(dioxane), 아크로레인(acrolein)

풀이 동일 조건의 경우 소화약제 저장량은 위험물계수에 비례한다.
따라서 〈표 3-4〉를 이용하여 그 크기를 비교해야 한다.

벤젠은 유류이므로 비수용성이고 소화약제 저장량이 가장 작다(수용성의 경우 위 험물계수 1과 같다). 나머지 물질들의 위험물계수는 디에틸에텔이 2.0, 디옥산이 1.5, 아크로레인이 1.25이다. 그러므로 소화약제 저장량의 크기 순서는 다음과 같다.

벤젠 $<$ 아크로레인 $<$ 디옥산 $<$ 디에틸에텔

정답 벤젠 $<$ 아크로레인 $<$ 디옥산 $<$ 디에틸에텔

고정포방출구방식의 소화약제 저장량을 산정하는 두 번째 요소인 보조포 소화

전 약제량은 최대 3개까지 인정되는 호스접결구의 개수와 소화약제의 농도에 의해 결정된다.

보조포 소화전의 양(L) = 호스접결구 개수 × 소화약제 농도(%) × 8,000 (식 3-9)

여기서 8,000은 분당 400 L씩 20분간 방출하는 옥외소화전 방출량을 반영한 수치이다.

고정포방출구방식의 소화약제 저장량을 산정하는 세 번째 요소인 송액관 체적량은 배관체적에 소화약제의 농도를 곱한 값이며, 배관체적은 배관 내경과 길이를 통해 계산할 수 있으나 주어진 표를 통해 소화약제의 농도가 반영된 송액관 체적량을 얻을 수 있다.

송액관 체적량(L) = 단위 배관체적 × 배관길이 × 약제농도 (식 3-10)

표 3-5 포소화약제의 송액관 체적량(L/m)

배관 내경(mm)	3% 형	6% 형
65	0.109	0.2174
80	0.153	0.307
100	0.261	0.523
125	0.403	0.806
150	0.568	1.135
200	0.987	1.975

국가화재안전기준에는 송액관의 내경을 제한하여 75 mm 이하는 제외하고 있으나[19] 위험물안전관리법에서는 송액관의 직경에 관한 제한이 없다.

19) 포소화설비의 화재안전기준(NFSC 105) 제8조 ②항의 1(2017년 7월)

3-2-4-2 옥내 포소화전방식의 약제저장량(NFSC, 위험물안전관리법)

옥내 포 소화전 방식의 약제저장량 산정방법은 화재안전기준과 위험물안전관리법이 동일하며[20] 화재안전기준의 경우 옥내와 옥외를 구분하지 않는다. 약제저장량은 호스릴포 방식과 동일하게 계산하며, 호스(hose)의 개수를 고려하되 호스접결구가 5개 이상인 경우는 5개로 산정하여 계산한다. 계산식에 적용된 6,000 L는 포소화전 표준 방사량인 분당 200 L로 30분간 방출하는 양을 가리킨다. 단, 방호대상물의 바닥 면적이 200 m^2 미만의 경우에는 산정량의 75%로 적용할 수 있다.[21]

$$\underset{(L)}{\text{포소화약제의 저장량}} = \text{호스연결구 개수} \times \underset{(\%)}{\text{소화약제 농도}} \times 6{,}000 \qquad \text{(식 3-11)}$$

3-2-4-3 옥외 포소화전방식의 약제저장량(위험물안전관리법)

옥외 포소화전으로서 보조포 소화전의 포 소화약제 저장량은 호스접결구의 개수, 권장 방출량, 소화약제의 농도에 의해 결정된다. 약제저장량은 옥내의 경우와 동일하게 계산하되 호스접결구가 4개 이상인 경우는 4개로 산정하여 계산한다. 계산식에 적용된 12,000 L는 옥외포소화전 표준 방사량인 분당 400 L로 30분간 방출하는 양을 가리킨다.

$$\text{포소화약제의 저장량(L)} = \text{호스접결구 개수} \times \text{소화약제 농도(\%)} \times 12{,}000 \qquad \text{(식 3-12)}$$

20) 포소화설비의 화재안전기준(NFSC 105) 제8조 ②항의 2, 위험물안전관리법 세부기준 제133조 3호 라목

21) 포소화설비의 화재안전기준(NFSC 105) 제8조 ②항의 2(2017년 7월)

3-2-4-4 포 헤드방식의 약제저장량(NFSC, 위험물안전관리법)

포 헤드방식의 약제저장량 산정방법은 화재안전기준과 위험물안전관리법이 동일하며[22] 설치된 포 헤드를 동시에 개방하여 표준방사량으로 10분간 방출할 수 있는 양이 소화약제 산정량이다. 따라서 포 헤드의 개수, 표준방사량, 방사시간, 약제농도를 고려하여 약제량이 결정된다.

포소화약제의 저장량(L) = 포헤드 개수 × 표준방사량 × 약제농도(%) × 10(분) (식 3-13)

3-2-4-5 포 모니터방식의 약제저장량(위험물안전관리법)

포 모니터 방식은 위험물안전관리법에만 규정되어 있으며[23] 포 모니터 노즐의 개수, 분당 권장 방사량, 소화약제농도를 고려하여 포소화설비 내 약제저장량을 산정한다. 이 계산식에서 노즐의 개수는 수평거리 15 m 이내에 위험물 시설이 있어야 하는 기준에 따른 것이며 노즐이 한 개일 경우에만 그 개수를 2로 계산한다. 식에 포함된 57,000 L는 분당 권장 방사량인 1,900 L/min으로 30분을 방사하는 양을 의미한다.

포소화약제의 저장량(L) = 모니터 노즐 개수 × 57,000(L) × 약제농도(%) (식 3-14)

그러나 어떠한 방출 형태이든지 포소화설비 내 소화약제의 실제 저장량은 규정에 따라 계산된 산정량 이상을 저장해야 함이 원칙이다.

---

22) 포소화설비의 화재안전기준(NFSC 105) 제8조 ②항의 3, 위험물안전관리법 세부기준 제133조 3호 나목

23) 위험물안전관리법 세부기준 제133조 3호 다목(2017년 12월)

3-3 산알칼리 소화약제

산알칼리 소화약제는 산성수용액과 알칼리성(염기성)수용액을 반응시켜 거품을 발생시키는 소화기용 소화약제이다. 화학포소화약제와 작용원리는 유사하나 규모가 작고 반응이 빠르다는 점이 다르다. 즉, 포를 발생시키는 두 성분이 진한 황산(concentrated sulfuric acid, conc.-H_2SO_4)과 탄산수소나트륨(탄산수소소듐, 중탄산나트륨, $NaHCO_3$) 이어서 알칼리성 물질은 동일하지만 화학포소화약제에서 사용하는 황산알루미늄 대신 산알칼리 소화약제에서는 황산이 산성 물질로 들어간다는 차이가 있다. 구조적으로는 액체 상태인 황산용액이 내통에, 분말 상태인 탄산수소나트륨이 외통에 들어 있다.

그러나 산알칼리 소화약제는 약제의 부식성 등에 따른 사용상의 불편함과 함께 가스계 소화기구 및 분말 소화기에 대한 소화효율의 상대적 우월성이 없어 생산과 사용이 거의 없는 실정이다. 국내의 경우 소화약제의 형식승인 및 제품검사의 기술기준에 산알칼리 소화약제의 조건은 ① 산일 경우 무기산 또는 동일 염류이어야 하고 ② 알칼리는 물에 잘 용해되는 양질의 염류이어야 하며 ③ 표준 pH측정방법으로 5.5 이하의 산성을 나타내지 않을 것이라고 명시되어 있다.[24)]

산알칼리 소화약제의 조성은 산성 물질로 들어가는 진한 황산수용액이 98%, 진한 황산액 70%와 물 30%로 구성되어 있으며 알칼리 물질인 탄산수소나트륨(탄산수소소듐)은 7%수용액이 일반적으로 사용된다.

$$H_2SO_4(l) + 2\ NaHCO_3(s) \rightarrow Na_2SO_4(s) + 2\ CO_2(g) + 2\ H_2O(l) \quad (\text{식 } 3\text{-}12)$$

산알칼리 소화약제의 소화작용은 이산화탄소 기체를 포핵으로 하는 거품의 질

24) 소화약제의 형식승인 및 제품검사의 기술기준 제5조(2017년 7월)

식소화작용과 물에 의한 냉각소화작용이 대표적이다. 그러나 A급화재에 대한 소화능력은 단순 물에 의한 소화력에 비해 약간 나은 편이어서 그리 크지 않다.

산알칼리 소화약제는 보관 시 약제에 의한 금속의 부식성을 차단하는 보관용기 재질과 방법이 필요하며, 약제분사 시에도 미반응 상태로 방출되는 황산 성분에 의한 인체와 소화대상물의 피해를 줄이기 위해 소화작업 후 물에 의한 신속한 세척이 반드시 필요하다.

또한 산알칼리 소화약제는 약제의 특성으로 인해 사용온도가 5°C 이상 40°C 이하이다. 그 이유는 산성물질인 황산과 알칼리성 물질인 탄산수소나트륨의 반응속도가 5°C 아래의 온도에서 현저히 느려지고, 40°C를 넘는 온도에서는 탄산수소나트륨이 스스로 분해하여 이산화탄소를 발생하기 때문이다.

3-4 강화액 소화약제

강화액 소화약제(loaded stream extinguisher)는 소화약제의 형식승인 및 제품검사의 기술기준에서 "다음 조건에 적합한 알칼리 금속염류 등을 주성분으로 하는 수용액"으로 표현되어 있다. 그 세부적인 조건은 알칼리 금속염류 수용액의 산성도, 금속 부식성, 표면장력과 비중 등의 10여 가지이다.[25)]

강화액 소화약제는 물을 기반으로 한 수계소화약제의 한 종류로서 순수한 물이 가지는 소화능력을 강화하기 위해 몇 가지 첨가물을 넣은 소화약제이다. 국내 소화약제의 형식승인 및 검정기준에는 "알칼리금속염류 등의 수용액으로서 알칼리성반응을 나타내거나 응고점이 영하 20°C 이하인 소화약제"로 규정되어 있으나 현재 내한용 이외의 용도는 크지 않다.

25) 소화약제의 형식승인 및 제품검사의 기술기준 제6조(2017년 7월)

물의 소화능력을 강화하기 위해 첨가하는 물질들은 크게 두 종류로서 수용액의 어는점을 낮추기 위하기 위한 목적과 소화능력을 증가시키기 위한 목적에 효과적인 것들이다.

강화액 소화약제에서 이런 목적을 위해 물에 첨가되는 대표적인 물질은 무기금속염류(inorganic metal salt)와 포소화약제 성분이 있다. 각각의 구체적 예로서 전자의 경우는 탄산칼륨(탄산포타슘, potassiumcarbonate, K_2CO_3)이 있으며, 후자는 수성막포소화약제를 들 수 있으나 강화액 소화약제는 소화기용이 대부분이어서 탄산칼륨이 강화제의 주성분으로 들어가는 강알칼리성 수용액이 사용된다. 탄산칼륨을 강화제로 사용한 강화액 소화약제는 강한 알칼리성(염기성)을 나타내어 수소이온지수(pH)가 11 ~ 12 정도이며, 수성막포 소화약제가 들어있는 강화액 소화약제는 수소이온지수가 7 ~ 9의 약알칼리성을 나타낸다.

강화액 소화약제의 주제라 할 수 있는 이런 물질들을 물에 첨가하는 것은 용액의 총괄성(colligative property)에 의해 수용액의 어는점을 내릴 뿐만 아니라 소화성능도 향상시킨다.

강화액 소화약제의 소화능력을 강화하기 위해 넣어주는 물질은 주제 이외도 방염제, 방식제, 침투제 등의 몇 가지 첨가제가 있다. 방염제로 첨가되는 대표적인 성분은 탄산수소칼륨(potassium hydrogen carbonate, $KHCO_3$)[26], 황산암모늄(ammoniumsulfate, $Al_2(SO_4)_3$), 제2인산암모늄(secondary ammoniumphosphate, di-ammoniumphosphate, $(NH_4)_2HPO_4$) 등이 있다. 강화액 소화약제의 제조에 넣어주는 침투제는 계면활성제 성분으로서 물의 표면장력을 감소시켜 소화약제 수용액이 소화대상물에 깊숙히 들어가게 하는 기능이 있다.

강화액 소화약제의 소화작용은 물에 의한 냉각소화작용과 소화액이 화염과 접촉 시 발생되는 수증기 및 이산화탄소 기체에 의한 질식작용이 대표적이다. 그러

26) 탄산수소포타슘, 중탄산칼륨, Potassium Bicarbonate라고도 한다.

나 강화액 소화약제의 특징적인 소화작용으로서 부촉매소화작용을 추가적으로 들 수 있다. 이것은 주제인 탄산칼륨으로부터 유리된 칼륨이온(포타슘이온, K^+)이 연소반응의 연쇄반응 중간체인 •OH를 제거하는 작용을 가지기 때문이다.

그리고 강화액 소화약제를 무상주수 형태로 방사하면 일반가연물 화재뿐만 아니라 유류화재와 전기화재에도 소화약제로 이용할 수 있으며 유류화재의 경우에는 유화소화작용도 부분적으로 나타난다. 또한 첨가제로 넣어주는 방염제 내 인산 성분은 난염성이 우수할 뿐 아니라 약간의 방진소화작용을 가지는 점도 무시할 수 없다.

그러나 강화액 소화약제는 전반적으로 강한 알칼리성이어서 신체 접촉의 위험성과 함께 금속에 대한 부식성이 있다. 특히 보관 용기의 재질이 구리 함유 물질이면 2개월, 철 성분은 3개월 경과 후부터 현저한 부식이 진행되는 특성이 있다. 또한 강화액 약제 내 들어있는 주제와 첨가제는 수개월 이상 장기간 보관 시 수용액 내에서 침전을 형성하는 문제점이 있으며, 열적 안정성 또한 약하여 40 ~ 50°C 이상에서는 열분해가 진행되므로 강화액 소화약제는 저장 시 온도관리가 필요하다.

강화액 소화약제의 일반적인 조성은 물 55 ~ 60%, 탄산칼륨 35 ~ 40%, 기타 첨가제 1 ~ 5% 정도이다.

3-5 침윤소화약제

침윤소화약제는 물의 침투능력, 분산능력 및 유화능력을 증대하기 위하여 물과 혼합하여 사용하는 약제를 말한다.[27] 소화약제로서의 조건은 표면장력이 33 mN/m 미만이어야 하며 0 ~ 50°C 뿐만 아니라 실온에서 30일간 정치하였을 경우에도 분리되지 않아야 한다. 또한 20°C에서 pH 6 ~ 9의 범위에 있어야 하며 금속 부식성은 증류수에 의한 부식율보다 50%를 초과하지 않아야 하고 물과 혼합하여 소화기용으로 사용할 때에 부패되거나 변질되지 않아야 한다.

27) 소화약제의 형식승인 및 제품검사의 기술기준 제10조(2017년 7월))

연습문제

01 소화약제로서 물이 가지는 장점과 관련된 물의 대표적 특성 두 가지는?

02 물소화약제가 무상주수로 방사될 경우 가능한 소화작용의 형태는?

03 국가화재안전기준(NFSC)에서 규정한 물소화약제로서 미분무수의 정의는?

04 물소화약제가 가지는 냉각소화의 핵심적 세 가지 작용 원리는?

05 화학포소화약제의 보관과 혼합방식을 종류별로 표현하시오.

06 합성계면활성제포 소화약제 2%형 200 mL를 사용하여 4000 L 부피의 포를 방출하였다. 발포비와 기계포의 종류는?

07 수용성 위험물질인 아크로레인(아크릴알데하이드)이 저장된 탱크 액면의 표면적이 30 m^2이고 고정포방출구를 통해 방사되는 포수용액의 분(minute, min)당 방출량이 4 L/m^2이다. 내경이 100 mm이고 길이가 10 m인 송액관에 연결된 호스의 개수가 2개라면 20분의 방출시간에 필요한 3% 포소화약제의 저장량은 몇 L인가?

08 단백포소화약제의 제조과정을 순서대로 나타내시오.

09 기계포소화약제의 종류들 중 큰 내유성으로 인해 표면하 주입(SSI)방식이 가능한 약제들은?

10 침윤소화약제란?

제 4 장

가스계 소화약제

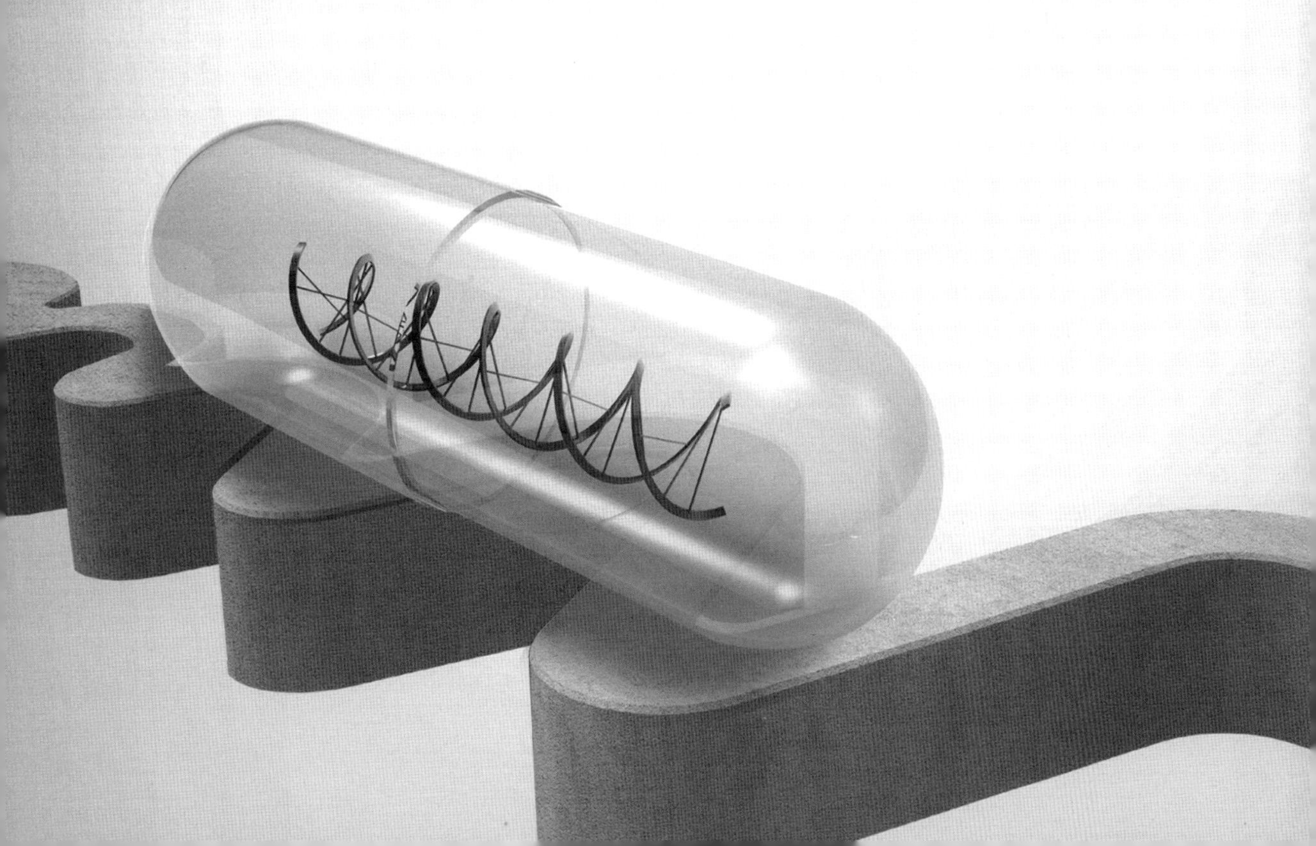

4-1 기체의 일반적 성질

가스계 소화약제는 기체 상태로 소화작용이 진행되는 약제이며 이산화탄소 소화약제, 할론(Halon)소화약제, 할로겐화합물 및 불활성기체소화약제(청정소화약제)의 세 종류가 있다. 기체 상태에 대한 이해는 가스계 소화약제를 사용할 때 다양한 환경에 맞는 효율적인 운용 방법을 찾게 한다.

기체 상태는 고체와 액체 상태에 비해 물리적 특성이 매우 독특하다. 따라서 세 가지 상태 중 물질을 이루고 있는 분자의 존재 형태가 유사한 두 상태를 묶는다면 그것은 당연히 액체와 고체이다.

기체는 물질의 세 가지 상태 중 분자간 거리가 가장 멀리 떨어져 있다. 이것이 기체 상태의 가장 큰 특징이다. 액체와 고체는 분자간 거리가 더 좁혀지지 않을 만큼 분자들이 공간적으로 이미 가장 가깝게 존재하고 있으나 기체 상태는 분자들 사이의 거리가 매우 멀다. 그러므로 액체 상태와 고체 상태의 물질들은 외부적인 압력이나 힘에 의해 부피 축소가 거의 나타나지 않으나 기체 상태에서는 쉽게 변한다. 실제적으로 대부분의 물질은 액체가 기체로 바뀌는 경우 대략 천배 정도 이상의 부피 증가를 나타낸다.

기체 상태의 물질은 분자와 분자 사이가 멀리 떨어져 있으므로 기체가 차지하는 부피의 대부분이 분자와 분자 사이의 허공이어서 분자라는 물질 자체의 부피는 기체 상태의 물질이 가지는 전체 부피에 비해 무시할 만큼 작다. 또한 기체 상태의 물질은 분자 사이의 거리가 매우 커 분자 사이의 인력도 거의 작용할 수 없으므로 일반적으로는 무시할 만하다.

그러므로 수식의 단순화를 통해 기체의 특성을 쉽게 이해하기 위해 기체 상태의 물질들이 가지는 분자 자체의 부피와 분자간 인력을 없다고 가정한 것이 이상기체(ideal gas)이다.

소화약제로 사용되는 가스계 소화약제는 실제로 존재하는 기체 상태의 물질이므로 실제기체(real gas)이다. 그러나 소화약제가 운용되는 일반적인 온도와 압력의 조건에서는 실제기체와 이상기체가 편차를 거의 나타내지 않으므로 이상기체를 통해 기체의 특성을 이해하는 것이 편리하다.

기체 상태의 물질이 가지는 특성의 표현은 압력(pressure, P), 부피(volume, V), 온도(temperature, T), 물질량(mole, mol)으로 결정되며 각각의 상호관계는 이상기체의 법칙들인 보일법칙(Boyle's law), 샤를 법칙(Charles' law), 아몬톤 법칙(Amonton's law), 아보가드로 법칙(Avogadro's law), 달톤의 분압법칙(Dalton's law of partial pressure), 이상기체 상태방정식(state equation of ideal gas) 등으로 표현된다.

기체의 법칙들을 이해하기 위해 먼저 몇 가지 물리량에 대한 개념과 단위에 대한 정리가 필요하다.

압력은 단위 면적에 작용하는 힘의 크기를 가리킨다. 즉, 힘(force, F)을 면적(area, A)으로 나눈 것이다.

$$\text{압력(P)} = \text{힘(F)} \div \text{면적(A)} \qquad \text{(식 4-1)}$$

압력의 국제표준단위(SI unit)는 파스칼(Pascal, Pa, $kg \cdot m^{-1} \cdot s^{-2}$)이지만 관습적으로는 기압(atmospheric pressure, atm)이 있으며 이와 유사한 크기로서 단위면적당 kg중(kg/cm^2)을 사용하기도 한다. 압력 단위들 서로 간의 환산은 다음과 같다.

$$\begin{aligned}
1\ \text{기압(atm)} &= 101{,}325\ \text{Pa}(=101.325\ \text{kPa}) \\
&= 14.7\ \text{psi} \\
&= 760\ \text{mmHg} \\
&= 760\ \text{torr} \\
&= 1033\ \text{cmH}_2\text{O} \\
&= 1.033\ \text{kg/cm}^2
\end{aligned}$$

부피의 국제표준단위는 m^3이며 1000리터(L)이다. 온도의 국제표준단위는 절대온도인 켈빈온도(Kelvin temperature, K)이지만 관습적으로 사용되는 단위로서 섭씨온도(Celsius temperature, °C)와 화씨온도(Fahrenheit's temperature, °F)가 있으며 상호 환산은 다음과 같다.

$$^{\circ}C = K + 273.15 = 5/9 \times (^{\circ}F - 32)$$

물질의 양을 나타내는 국제표준단위는 몰(mol)이며 물질 분자 6×10^{23}개의 양을 가리킨다. 이 숫자를 아보가드로의 수(Avogadro's number, N_A)라고 한다.

4-1-1 보일 법칙

보일 법칙은 이상기체의 압력과 부피 사이의 관계를 나타내며 온도가 일정할 경우 기체의 부피는 압력에 반비례한다는 것이다. 즉, 기체의 압력이 두 배로 증가하면 그 부피는 반으로 감소하게 된다.

보일 법칙 : 압력(P) × 부피(V) = 상수(constant) (식 4-2)
단, 온도(T)는 고정

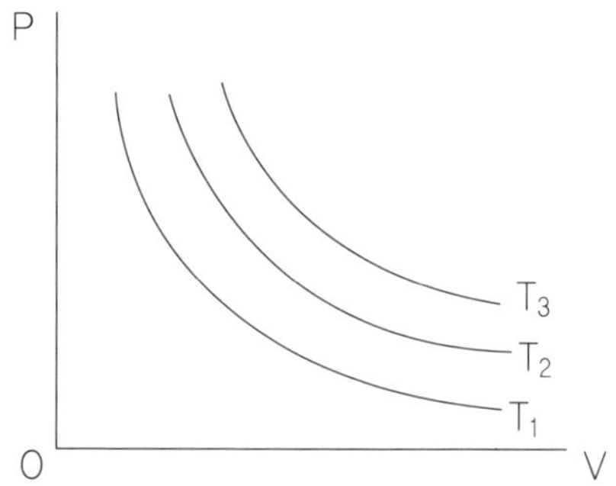

그림 4-1 보일 법칙

보일 법칙을 나타내는 곡선은 등온선(isotherms)으로서 동일 곡선 내 모든 점들은 동일한 온도를 가진다. 따라서 온도가 변할 경우 해당 온도 각각의 독립된 곡선을 가지며 상호간의 온도 차이는 $T_1 < T_2 < T_3$이다. 높은 압력으로 가압되어 있는 용기 내 기체가 대기 중으로 분출될 경우, 저장 용기의 부피보다 더 큰 양을 방출하는 것이 좋은 예이다.

4-1-2 샤를 법칙

샤를 법칙은 게이뤼삭의 법칙(Gay-Lussac's law)이라고도 하는데 이상기체의 온도와 부피 사이의 관계를 나타내며 압력이 일정할 경우 기체의 부피는 온도에 비례한다는 것이다. 즉, 기체의 온도가 상승하면 그 부피도 비례적으로 증가한다.

샤를 법칙 : 부피(V) = 비례상수(k) × 온도(T) (식 4-3)
단, 압력(P)은 고정

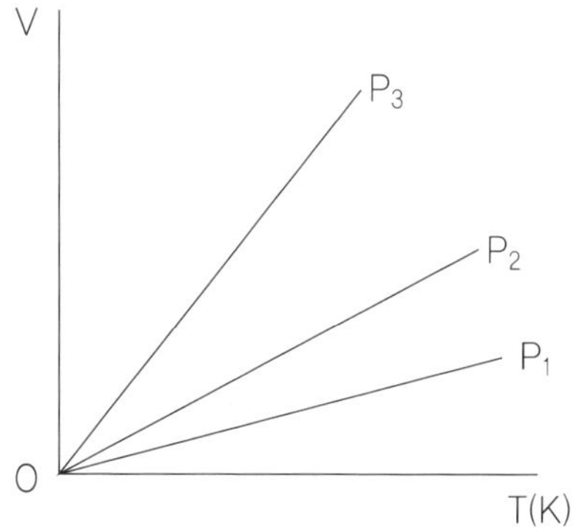

그림 4-2 샤를 법칙

샤를 법칙을 나타내는 직선은 등압선(isobars)으로서 동일 직선 내 모든 점들은 동일한 압력을 가진다. 따라서 압력이 변할 경우 해당 압력 각각의 독립된 기울기를 나타내며 상호간의 압력 차이는 $P_3 < P_2 < P_1$이다. 압력이 1기압(=대기압)인 경우 등압선의 기울기는 1/273이며, 온도가 1 K 상승할 때마다 그 기체의 부피는 0°C일 때 가지는 기체 부피의 1/273만큼씩 더 커지게 된다. 동일한 물질량의 기체가 차가우면 부피가 작아지고 더우면 증가하므로 차가운 기체의 밀도가 더운 기체에 비해 크고 무겁게 되어 아래쪽으로 내려가는 현상이 샤를 법칙의 좋은 예이다.

4-1-3 아몬톤 법칙

아몬톤 법칙은 이상기체의 압력과 온도 사이의 관계를 나타내며 부피가 일정할 경우 기체의 압력은 온도에 비례한다는 것이다. 즉, 기체의 온도가 절대온도로 두 배 상승하면 그 압력도 두 배가 된다는 것이다.

아몬톤 법칙 : 압력(P) = 비례상수(k) × 온도(T) (식 4-4)
단, 부피(V)는 고정

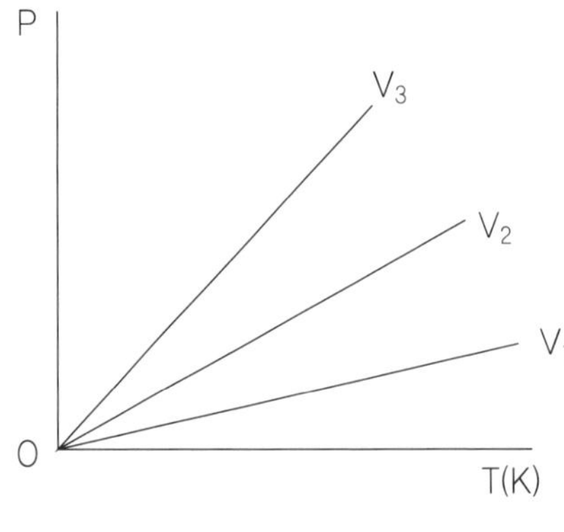

그림 4-3 아몬톤 법칙

아몬톤 법칙을 나타내는 직선은 등부피선(isometrics)으로서 동일 직선 내 모든 점들은 동일한 부피를 가진다. 따라서 부피가 변할 경우 해당 부피 각각의 독립된 기울기를 나타내며 상호간의 부피 차이는 $V_3 < V_2 < V_1$이다. 즉, 밀폐된 용기를 가열하면 용기 내 기체의 압력이 비례적으로 상승하게 된다. 유류저장탱크 화재 시 외부로부터의 가열에 의해 저장탱크의 온도가 올라가면 탱크 내 압력상승으로 인해 저장탱크가 폭발하는 것이 좋은 예이다.

4-1-4 아보가드로 법칙

아보가드로 법칙은 이상기체의 부피와 몰(mol)수 사이의 관계를 설명하고 있으며 온도와 압력이 일정할 경우 기체의 부피는 기체의 종류와 무관하게 몰 수에만 비례한다는 것이다.

$$\text{아보가드로 법칙 : 부피}(V) = \text{비례상수}(k) \times \text{몰 수}(n) \qquad \text{(식 4-5)}$$

단, 온도와 압력은 고정

아보가드로 법칙은 기체의 독특한 특성을 바르게 이해하는데 매우 중요한 개념이다. 이것은 기체의 부피가 기체 분자의 종류와 무관하게 몰 수에만 비례한다는 점이 핵심이다. 즉, 분자 자체의 크기가 가장 작은 수소 기체와 이에 비해 분자의 크기가 상대적으로 큰 이산화탄소 기체의 몰 수가 같으면 그 부피도 동일하다는 것을 나타낸다. 물질량을 나타내는 몰 수는 물질의 특정 개수를 의미한다. 만약 물질이 액체 상태 또는 고체 상태로 존재한다면 물질을 구성하는 분자들 간의 위치가 가장 조밀하게 인접하여 있으므로 분자의 개수가 동일하다면 물체의 부피는 분자 자체의 크기에 의해 결정될 것이다. 그러나 기체 상태는 분자들 간의 거리가 액체와 고체에 비해 적어도 수백 배 이상 멀리 떨어져 있어서 분자와 분자 사이의 공간에 의해 결정되는 기체의 외형적 부피에 비해 기체 분자 자체의 크기

차이는 무시할 만하다. 따라서 기체의 부피는 기체의 종류와 무관하고 기체 분자의 개수에 비례한다.

모든 물질은 그 종류에 따라 분자 한 개가 가지는 질량이 각각 다르므로 1몰(=6×10^{23}개)의 무게, 즉 몰질량(molar mass)은 기체의 종류에 따라 각각의 고유한 값을 가진다. 그러나 기체 1몰의 부피, 즉 기체의 몰부피(molar volume)는 기체의 종류와 무관하게 모두 동일하다.

4-1-5 달톤의 분압 법칙

달톤의 분압법칙은 밀폐용기 내 혼합된 기체 성분 각각의 분압이 몰수에 비례함을 나타낸다. 즉, 서로서로 반응하지 않는 혼합 기체 내 각 성분 기체의 분압(partial pressure, P_i)은 성분 기체 각각의 몰분율(mole fraction, X_i)에 비례하며, 각 분압의 합은 전체 압력(전압, total pressure, P_t)과 같다는 것이다.

달톤의 분압법칙 : $P_i = P_t \times X_i, \quad \Sigma P_i = P_t$ (식 4-6)

특정 성분의 몰분율은 전체 몰수에 대한 특정 성분 몰수의 상대적인 비율을 가리키며 특정 성분의 몰수를 전체 몰수로 나눈 값이다. 따라서 전체 계를 이루고 있는 여러 구성 성분의 몰분율을 모두 합하면 1이 된다.

예제 4-1 22 g의 이산화탄소(CO_2) 기체, 32 g의 산소(O_2) 기체, 42 g의 질소(N_2) 기체가들어있는 용기 내 전압이 120 kPa이라면 각 성분 기체의 분압은 얼마인가?

풀이 이산화탄소, 산소, 질소의 몰질량이 각각 44 g, 32 g, 28 g이므로
각각의 몰수는 0.5몰, 1몰, 1.5몰이고, 전체 몰수는 3몰이다.
따라서 각 성분 기체의 몰분율은 각각 1/6, 1/3, 1/2이다.

그러므로 성분 기체 각각의 분압은 20 kPa, 40 kPa, 60 kPa이다.

정답 이산화탄소의 분압은 20 kPa
산소의 분압은 40 kPa
질소의 분압은 60 kPa

4-1-6 이상기체의 상태방정식

이상기체의 상태방정식은 특정한 상태에서 이상기체가 가지는 성질을 규정하는 식으로서 기체의 온도, 압력, 부피, 몰 수, 상호간의 관계를 나타낸다. 이 식은 보일 법칙과 샤를 법칙 뿐만 아니라 기체운동론에서 유도되었으며 일상적인 조건에서 실제기체의 상태를 쉽게 이해하는데 유용하다.

이상기체 상태방정식 : $P \times V = n \times R \times T$ (식 4-7)

(식 4-7)에서 n은 몰수이며 R은 기체상수(gas constant)이다. 기체상수는 표현되는 물리량의 단위에 따라 크기가 달라지는 유차원상수(dimensional constant)이다.

$$
\begin{aligned}
\text{기체상수}(R) &= 8.314\ Pa \cdot m^3 \cdot mol^{-1} \cdot K^{-1} \\
&= 8.314\ J \cdot mol^{-1} \cdot K^{-1} \\
&= 0.082\ atm \cdot L \cdot mol^{-1} \cdot K^{-1} \\
&= 1.987\ cal \cdot mol^{-1} \cdot K^{-1}
\end{aligned}
$$

이상기체의 상태방정식은 주어진 물리량에 따라 여러 형태로 표현된다.

$P \times V = n \times R \times T$

제 4 장

$\rightarrow$ P × V = w/M × R × T (w는 무게, M은 몰질량) (식 4-8)

$\rightarrow$ P × M = w/V × R × T (식 4-9)

$\rightarrow$ P × M = d × R × T (d는 밀도) (식 4-10)

이상기체의 상태방정식은 일반적으로 기체 상태를 결정하는 온도, 압력, 부피, 몰수 중 알고 있는 세 가지를 이용하여 나머지를 계산하는데 이용된다.

예제 4-2 5몰(mol)의 가스계 소화약제가 들어있는 소화기 내 충진압력이 27°C에서 8 기압(atm)이라면 소화기의 내부 용량은 몇 리터(L)인가?
(단, 약제는 기체 상태이며 이상기체의 성질과 유사하다고 가정)

풀이 (식 4-7)에 P는 1 atm, n은 2 mol, R은 0.082 atm · L · mol^{-1} · K^{-1}, T는 300 K를 대입하여 부피(V)를 구한다. 단, 기체상수는 주어진 압력과 부피의 단위와 일치되는 값을 사용한다.

$$V = 5(mol) \times 0.082(atm \cdot L \cdot mol^{-1} \cdot K^{-1}) \times 300(K) \div 1(atm)$$
$$= 123(L)$$

정답 123 L

4-1-7 이상기체와 실제기체

가스계 소화약제가 운용되는 일반적인 조건, 즉 상온 대기압에서는 이상기체와 실제기체의 기체적 특성과 상태가 거의 유사하여 차이를 나타내지 않는다. 그러나 기체의 온도가 매우 낮거나 압력이 매우 클 경우에는 실제기체와 이상기체의 부피가 큰 차이를 가진다. 이 점은 다음의 두 가지 현상 때문이다. 온도가 낮은 경우에는 기체 분자의 운동 속도가 느려지므로 기체 분자간 인력이 작게나마 작용하게 된다. 또한 압력이 클 경우에는 기체가 점유한 전체 부피에 대한 분자 자체의 크기 비율이 의미를 가질 정도로 커진다. 그러므로 기체 분자간 인력과 기체 분자의 자체 부피를 없다고 가정한 이상기체와 이 두 요소를 인정하는 실제기체는 차이를 나타낸다.

실제기체에 존재하는 기체 분자간 인력은 실제기체의 부피를 이상기체에 비해 감소시키는 효과가 있으나 분자 자체의 부피는 오히려 이상기체의 부피에 비해 실제기체의 부피를 증가시키는 효과를 가진다.

실제기체에 존재하는 두 가지 인자, 즉 분자간 인력과 분자 자체 부피를 모두 고려함으로써 실제기체의 성질을 가장 근접하게 표현하는 수식은 여러 형태가 있으나 그 중 가장 대표적인 것이 반데르발스 식(Van der Waals equation)이다.

반데르발스 식 : $$\left(P + \frac{n^2 a}{V^2}\right)(V - nb) = n \cdot R \cdot T \qquad \text{(식 4-11)}$$

(식 4-11)에서 a와 b는 반데르발스 상수(Van der Waals constant)로서 각각은 실제기체의 분자간 인력과 분자 자체의 부피를 나타내는 값이어서 기체의 종류에 따라 서로 다른 고유한 값을 가진다.

표 4-1 반데르발스 상수

화학식	a ($L^2 \cdot atm \cdot mol^{-2}$)	b ($L \cdot mol^{-1}$)
H_2	0.244	0.0266
N_2	1.39	0.0391
O_2	1.36	0.0318
Ar	1.34	0.0322
H_2O	5.46	0.0305
CO_2	3.59	0.0427
CCl_4	20.4	0.1383

반데르발스 식 이외도 실제기체의 상태를 표현하는 식들로서 Berthlot식, Dieterici식, Beattie-Bridgman식 등이 있으며 각각의 장·단점이 있다.

실제기체와 이상기체가 특정의 압력과 온도 아래에서 가지는 부피 등의 기체 특성적 차이를 나타내는 것이 압축인자(compressibility factor, Z)이다. 압축인자는 실제기체가 가지는 이상기체와의 편차, 즉 비이상성(nonideality)의 척도이다.

$$Z = \frac{V_{r \cdot g}}{V_{i \cdot g}} \quad \text{(식 4-12)}$$

$$Z = \frac{P \cdot V}{R \cdot T} \quad \text{(단, 1 mol의 경우)} \quad \text{(식 4-13)}$$

그러므로 압축인자의 수치가 항상 1인 기체가 이상기체이며, 1보다 작은 경우의 조건은 실제기체의 부피가 이상기체의 부피에 비해 작음을 가리킨다. 이것은 실제기체의 부피를 결정하는 두 요소 중 이상기체에 비해 실제기체의 부피를 작게 하는 작용의 분자간 인력 효과가 지배적으로 나타나기 때문이다. 그러나 압축인자 값이 1보다 큰 경우는 실제기체가 가지는 두 요소 중 실제기체의 부피를 이상기체에 비해 크게 해주는 분자 자체의 부피 효과가 기체의 부피를 결정하는데 지배적으로 작용한 결과이다.

실제기체가 가지는 압축인자의 변화를 압력에 따라 나타낸 것이 〈그림 4-4〉이며 T_1보다 T_2가 높은 온도이다. 실제기체는 온도가 낮을 경우 압축인자 값이 1보다 작은 영역이 넓은 압력 구간에 걸쳐 나타난다. 그러나 온도가 높은 영역에서는 모든 압력 조건에서 항상 1 이상의 압축인자 수치를 갖는다.

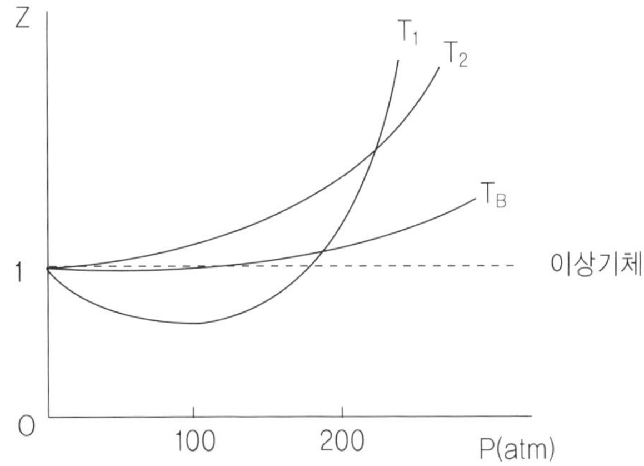

그림 4-4 압력(P)과 압축인자(Z)

실제기체가 넓은 압력 구간에서 이상기체와 같은 부피를 나타내는 온도가 보일온도(Boyle temperature, T_B)이다. 보일온도는 기체의 종류에 따라 서로 다른 고유한 온도이며 실제기체를 취급하는데 매우 유용한 자료이다.

표 4-2 실제기체의 보일온도

화학식	보일온도(T_B, K)
He	23.8
H_2	116
N_2	332
O_2	406
Ar	412
CO_2	600
NH_3	995

보일온도는 실제기체의 상태방정식이라 할 수 있는 반데르발스 식을 압력에 대한 압축인자의 급수식으로 정리하여 구한다.

$$Z = 1 + \frac{1}{RT}\left(b - \frac{a}{RT}\right)P + \frac{a}{(RT)^3}\left(2b - \frac{a}{RT}\right)P^2 + \cdots \qquad \text{(식 4-14)}$$

이 식이 보여주는 흥미로운 점은 실제기체가 이상기체처럼 되는(Z가 1이 되는) 조건은 압력이 0이 되거나 온도가 무한히 높을 경우이다. 따라서 (식 4-14)에서 온도를 고정한 후 압력이 0이 되는 경우의 Z-P곡선의 초기 기울기를 표현하면 다음과 같다.

$$\left(\frac{\partial Z}{\partial P}\right)_T = \frac{1}{RT}\left(b - \frac{a}{RT}\right) \qquad \text{(식 4-15)}$$

보일온도는 넓은 압력 구간에서 실제기체가 이상기체와 같은 특성을 나타내므로 Z-P 곡선의 기울기가 0이 되어야 한다. 따라서 (식 4-15)에서 $(\partial Z/\partial P)_T$항이 0이 되기 위해서는 b와 a/RT가 같아야 한다. 그러므로 보일온도는 이 조건을 만족하는 온도이며 반데르발스 상수를 이용하여 구한 값과 실제 측정치는 유사한 값을 나타낸다.

$$T_B = \frac{a}{R \cdot b} \quad (a,\ b\text{는 반데르발스 상수}) \qquad \text{(식 4-16)}$$

4-1-8 기체의 액화

기체 상태의 물질이 액체 상태로 바뀌는 것을 응축(condensation)이라 하며 물질 분자간 인력에 의해 액체 상태가 형성된다. 기체 분자간 인력을 인정치 않는 이상기체는 압력의 크기와 무관하게 액체 상태가 될 수 없으나 가스계 소화약제를 포함한 대부분의 실제기체는 액화(liquefaction)가 가능하여 밀폐된 용기 내에서 압력을 높여주면 쉽게 액체 상태가 된다. 그러나 물질의 종류에 따라 응축 용이성은 차이가 있으며 특정 온도를 넘는 경우 이상기체처럼 기체의 압력을 아무리 높여도 액화되지 않는다. 실제기체가 액화가능한 온도를 임계온도(critical temperature, T_c)라고 하며 실제기체의 응축은 임계온도 이하에서 가능하다. 그러므로 임계온도는 "실제기체가 액화 가능한 최고의 온도"이다.

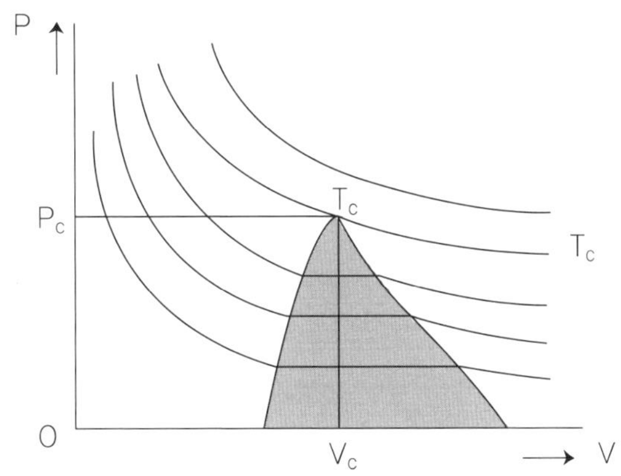

그림 4-5 실제기체의 압력-부피 도표

임계온도는 실제기체가 응축 가능한 한계를 나타내는 온도이므로 이보다 더 높은 온도 구간에서는 실제기체일지라도 이상기체의 특성을 나타내게 된다. 이상기체와 실제기체의 특성이 분리되는 경계점인 임계점(critical point)은 임계온도 등온선 상에 존재하며 임계점의 압력을 임계압력(critical pressure, P_c), 그 부피를 임계부피(critical volume, V_c)라고 한다. 그러므로 실제기체에 있어서 응축 가능한 영역은 〈그림 4-5〉에서 임계점 아래의 어둡게 나타낸 부분이다. 실제기체에 존재하는 이 부분은 기체의 부피가 감소하더라도 압력이 증가하지 않는 구간이므로 실제로는 응축이 진행됨을 나타낸다. 따라서 실제기체를 액화하기 위한 가압과 보관은 항상 임계온도 아래에서 시행해야 한다.

실제기체의 응축과정은 상전이에 따른 응축열이 발생한다. 응축은 발열과정(exothermic process)이므로 증발열(enthalpy of vaporization, 표 1-1 참조)과 크기는 같은 에너지를 주위로 방출한다.

실제기체가 가지는 임계 조건을 이용하면 반데르발스 상수와 같은 각 기체의 고유치를 사용하지 않고서도 그 특성을 쉽게 알 수 있는 방법이 있는데, 그것이 대응상태의 원리(the principle of corresponding state)이다.

표 4-3 실제기체의 임계온도(T_c)

기체명	화학식	T_c(K)
헬륨	He	5.25
수소	H_2	33.2
질소	N_2	126
아르곤	Ar	150.7
산소	O_2	154
이산화황	SO_2	430
이산화탄소	CO_2	304
수증기	H_20	647

대응상태의 원리는 실제기체의 온도, 압력, 부피를 각각의 임계온도, 임계압력, 임계부피로 나누어 구한 환산온도(reduced temperature, T_r), 환산압력(reduced pressure, P_r), 환산부피(reduced volume, V_r) 상호간의 관계로 정리된 식이다.

$$T_r = \frac{T}{T_c},\ P_r = \frac{P}{P_c},\ V_r = \frac{V}{V_c} \qquad \text{(식 4-17)}$$

대응상태의 원리 : $P_r = \frac{8T_r}{3V_r - 1} - \frac{3}{V_r}$ (식 4-18)

대응상태의 원리는 모든 실제기체에 적용될 수 장점이 있으며 동일한 환산온도와 환산압력의 경우 기체의 종류와 무관하게 동일한 환산부피를 가지는 대응의 원리가 적용된다는 점이 특징이다.

4-2 가스계 소화약제의 저장과 방출

4-2-1 충전비와 충전밀도

가스계 소화약제는 저장 효율을 높이기 위해 일반적으로 저장용 용기에 가압하여 보관한다. 국내의 경우 소화약제의 저장 방법과 운용 방식은 국가화재안전기준(NFSC)에 규정되어 있으며 저장량은 충전비(filling ratio) 또는 충전밀도(filling density)로 나타낸다.

충전비는 약제 1 kg이 차지하는 용기의 부피(L)를 의미하며 L/kg의 단위를 가진다. 따라서 충전비가 작을수록 동일 부피의 용기에 들어있는 약제의 양이 상대적으로 많음을 의미한다.

그러므로 충전비가 작을수록 저장 용기의 온도 변화에 따른 내부 압력 변화가 상대적으로 더 크다. 국가화재안전기준에 명시된 이산화탄소 등의 가스계 소화약제의 충전비는 고압식이 1.5 ~ 1.9, 저압식은 1.1 ~ 1.4이나 일반적으로는 고압식이 1.5, 저압식은 1.1로 운용된다.

고압식과 저압식은 가스계 소화약제의 방출 시 분사헤드의 분출압력을 기준한 구분이다. 고압식은 방호구역이 크지 않으므로 일반적으로 68 L 표준 저장용기에 소화약제를 저장하나 저압식은 방호구역이 상대적으로 크므로 약제를 대형 저장탱크에 보관한다.

충전밀도는 저장용기의 단위 부피(m^3)에 저장된 약제의 무게(kg)를 나타내며 kg/m^3의 단위를 가진다. 따라서 충전밀도는 충전비와 역수 관계이므로 그 값이 클수록 동일 용기 내 저장된 소화약제의 양이 많고, 외부 온도 변화에 대해 내부 압력 변화가 더 민감하다.

가스계 소화약제의 저장량을 나타내는 단위로서 충전비는 국내의 경우 이산화탄소 소화약제와 할론소화약제를 대상으로 규정되어 있으며 충전밀도는 할로겐화합물 및 불활성기체소화약제의 약제 저장량을 규정하고 있다.

충전비와 충전밀도에 관련된 유사한 단위가 비체적(specific volume)이다. 이 단위는 단위 무게에 대한 부피를 나타내며 m^3/kg으로 표현된다. 비체적은 저장용기 내 저장된 1 kg의 소화약제가 대기 중으로 방사 시 차지하는 부피를 가리킨다. 그러므로 할로겐 소화약제와 청정소화약제는 종류에 따라 비체적의 차이가 있으므로 방호구역의 크기에 따른 소화약제의 저장 무게도 소화약제의 성분에 따라 달라야 한다.

예제 4-3 충전비가 1.5인 고압식으로 운용되는 이산화탄소 소화설비에 필요한 약제량은 200 kg이다. 이산화탄소 표준 용기는 몇 개가 필요한가?

풀이 충전비가 1.5이고 이산화탄소의 무게가 200 kg이므로

이산화탄소 소화약제의 부피 = 200 kg × 1.5 (L/kg) = 300 L

표준 용기(봄베)의 부피가 68 L이므로

필요한 용기의 개수 = 300 L ÷ 68 L ≒ 4.4

정답 5개

4-2-2 방호공간

소방대상물에 대한 가스계 소화약제의 효과적인 소화작용이 이루어질 수 있는 공간의 크기가 방호공간(assumed enclosure)이다. 방호공간은 기체상 소화약제의 확산성을 고려하여 방호대상물로부터 0.6 m 떨어진 곳까지의 공간으로 규정하고 있다. 이때 바닥은 고려치 않으며 방호대상물 표면으로부터 0.6 m의 이격거리 내 고정된 구조물이 있으면 그 구조물까지의 거리만을 고려한다. 그러나 0.6 m의 이격거리 내 벽면이 없을 경우에는 벽면이 존재한다고 가정한 가상공간이다. 방호공간은 가스계 소화약제 설비의 운용을 규정하는데 사용되는 개념으로서 방호공간의 벽면적으로 둘러싸인 내부 영역을 의미한다. 유사한 개념으로서 방호구역이 있으며 방호대상물이 들어있는 구획된 공간을 가리킨다. 가스계 소화약제의 분사량을 산정하는 데에는 방호공간이 대상이나, 분사방식의 표현에는 방호구역의 개념이 적용된다. 방호구역은 주로 스프링클러 설비의 운용에서 저수량 등을 규정하는 기준으로 이용되지만 가스계 소화약제에서도 방호대상물이 들어 있는 구획 공간의 의미로 사용된다.

예제 4-4 가로, 세로, 높이가 각각 3 m, 2 m, 1 m이며 바닥에 놓인 방호대상물을 청정소화약제 가스설비로 방호하고자 한다. 충전밀도는 0.8 kg/m^{3}이며 120%로 저장한다면 저장해야할 약제의 양은 몇 kg인가? (소수점 아래 첫째자리까지만)

풀이 먼저 방호공간을 구하면

방호공간 = 4.2 m × 3.2 m × 1.6 m = 21.504 m^3

충전밀도에 따른 소화약제의 양을 계산하면

소화약제의 무게(kg) = 21.504 m^3 × 0.8 kg/m^3= 17.2032 kg

120%로 저장해야 하므로

17.2032 kg × 1.2 = 20.64384 kg

정답 20.6 kg

4-2-3 가스계 소화약제의 방출방식

가스계 소화약제의 방출방식은 국가화재안전기준(NFSC)에 명시되어 있으며 크게 전역방출방식(total flooding system), 국소방출방식(local application system), 호스릴방식(hand hose line system)의 세 가지 형태가 있다.

전역방출방식은 방호대상물이 있는 구획된 공간 전체에 대해 소화에 필요한 약제량을 빠르게 분사하는 방출방식이다. 따라서 전역방출방식은 약제 저장량의 산정 시 가스계 소화약제의 종류에 따른 소화농도의 차이, 방호구역의 크기와 불연성 물체의 유무, 개구부의 크기와 자동개폐장치의 유무와 같은 방호구역의 밀폐성 여부가 고려되어야 한다. 일반적으로 사람이 거주하는 장소로의 적용은 인체 독성의 위험성이 없는 농도로 운용되며, 약제 방출시간은 대개 수 분 이내이다.

국소방출방식은 소화약제를 화점에 직접 분사하는 방식을 말하며 일반적으로 인화성이 크고 표면화재 및 입체화재의 위험성이 있는 시설 등에 효과적이다. 가스계 소화약제의 분사 시간은 전역방출방식에 비해 상대적으로 짧으며 30초 정도이다. 전역방출방식과 동일하게 자동화 설비에 의한 분사방식이다.

호스릴방식(국가화재안전기준)은 이동방출방식(위험물안전관리법)이라고도 하며 사람이 직접 운용하는 수동식 설비이다. 필요 시 호스를 손으로 이동하여 대상물에 직접 분사하는 방식이어서 약제 소비량이 가장 적고 효율성은 가장 우수하다. 설치 장소는 사람이 상주하는 곳이어야 하므로 사용 후 대피가 용이하고 화재 발생 시에도 쉽게 연기가 차지 않는 장소이어야 한다. 또한 방호대상물은 규모가 작아야 하고 방호대상물 각각으로부터 인접한 호스접결구까지의 거리는 15 m 이내이어야 한다.

4-2-4 표면화재와 심부화재

가스계 소화약제의 운용 시 효과적인 소화작용을 위한 약제량의 산정은 화재의 형태에 따라 달라진다. 유류화재는 전형적인 표면화재(surface fire)로서 연소반응에서 화염을 동반하는 화염연소(flaming combustion)이다. 그러나 일반가연물은 연소 시 표면화재와 함께 부분적으로는 화염을 동반하지 않는 심부화재(deep seated fire)형태로 진행된다. 심부화재는 목재와 섬유류 등의 가연물의 연소에서 볼 수 있으며 가연물 표면에 화염을 동반하지 않고 훈소형태(smoldering mode)로 진행되는 적열연소(glowing combustion)이다.

일반적으로 심부화재는 표면화재에 비해 소화 시 상대적으로 많은 양의 소화약제가 필요하다.

4-3 가스계 소화약제의 농도와 위험성

4-3-1 소화농도

소화농도(extinguishing concentration)는 소화가 이루어지는 소화약제의 최소농도로서 최소소화농도(minimum extinguishing concentration) 또는 최소이론농도(theoretical minimum concentration)라고 한다. 소화농도는 소화약제의 종류에 따라 그 크기가 달라지지만 단위는 공통적으로 부피백분율(vol.%)로 표현한다. 또한 소화농도는 가연물의 연소를 소화하기 위해 필요한 최저 약제농도를 가리키므로 실제로 운용되는 소화약제의 농도는 최소소화농도 이상이어야 한다. 가스계 소화약제는 크게 이산화탄소 소화약제, 할론소화약제, 할로겐화합물 및 불활성기체소화약제(청정소화약제, clean agent for extinguishing)로 구분되며 소화농도의 크기를 결정하는 방법이 약제의 종류에 따라 다르다.

이산화탄소 소화약제의 소화농도는 각기 다른 가연물의 한계산소농도 크기에 의해 결정되지만 할론소화약제와 할로겐화합물 및 불활성기체소화약제의 소화농도는 표준 가연물에 대한 소화시험을 통해 결정된다.

이산화탄소 소화약제는 질식소화작용이 주된 기능이고 소화농도가 가연물의 한계산소농도에 의해 결정되므로 방호구역 내로 방출된 이산화탄소의 양에 대한 가정이 필요하다. 방호구역으로 방출된 이산화탄소 소화약제의 양을 결정하는 방법은 무유출(no efflux), 완전치환(complete displacement), 자유유출(free efflux)의 세 가지 형태가 가능하다.[28] 무유출은 방호구역의 밀폐성을 인정하여 방호구역 내부에 기존의 공기량과 이산화탄소 소화약제 유입량이 모두 존재한다는 것이며, 완전치환은 방호구역 내부로 분사된 이산화탄소 약제의 부피만큼 방호구역 내 기존의 대기 성분만이 개구부 등을 통해 방호구역 바깥으로 빠져 나간다는 개념이다. 그러나 자유유출은 소화약제의 유입 부피만큼 혼합기체(대기성분, 이산화탄소 소화약제)가 방호구역 외부로 유출된다는 것이다.

이산화탄소 소화약제의 소화농도는 무유출의 관점에서 정리하면 가연물의 각기 다른 한계산소농도(LOC)에 따라 다음과 같이 표현된다.

$$CO_2 \text{ 소화농도} = \frac{21 - LOC}{21} \times 100(\%) \qquad \text{(식 4-19)}$$

예제 4-5 에틸렌(ethylene)에 대한 이산화탄소 소화농도는? (표 2-3 참조)

풀이 (식 4-19)에 에틸렌의 한계산소농도(LOC)를 대입하면

---

28) 남상욱, 『소방시설의 설계 및 시공』, 성안당(파주), 개정5판, pp.706 ~ 711(2012).

CO_2 소화농도 = (21 − 11.7) ÷ 21 × 100 (%) = 44.3 %

정답 44.3 %

이산화탄소소화약제의 소화농도 계산식은 질소 또는 아르곤이 주성분인 불활성 가스계 청정소화약제의 소화농도에도 동일하게 적용된다.

가스계 소화약제로서 할론소화약제와 할로겐화합물소화약제의 소화농도는 약제 각각의 소화능력에 따라 실험적으로 결정된다. 이들 소화약제의 소화능을 측정하는 컵버너 모형시험(cup burner model test)에 사용되는 액체상 표준 가연물은 헵탄(n-heptane)이며, 기체상 표준 가연물은 프로판(propane)이다. 할론소화약제와 할로겐화합물소화약제의 경우 소화농도의 크기가 작은 약제일수록 소화능이 상대적으로 우수하다. 결과적으로 방호구역을 향해 분사구로부터 방출되는 가스계 소화약제의 방출량은 소화농도와 방호공간의 크기에 의해 결정된다.

제 4 장

4-3-2 설계농도

가스계 소화약제의 설계농도(design concentration)는 가스계 소화설비의 운용을 위한 설계 기준농도를 가리키며 안전율(safty ratio)을 고려하여 화재안전기준에 의해 약제의 종류와 무관하게 소화농도보다 20% 크게 규정되어 있다. 그러나 청정소화약제의 경우 화재의 종류에 따라 A급 및 C급 화재는 20%를, B급 화재는 소화농도보다 30% 더 크게 설계농도를 규정하고 있다(가스계 소화설비의 설계프로그램 성능시험 기술기준).

설계농도의 개념은 최소설계농도(minimum design concentration)와 최대설계농도(maximum design concentration)의 두 가지로 구분된다. 최소설계농도는 설계농도와 동일한 의미이며 간단히 표현하기 위해 일반적으로 설계농도라고 한다. 그러나 최대설계농도는 가스계 소화약제에 의해 인체가 건강상의 위협을 받지 않을 약제농도를 의미하며 소화설비가 운용되어야 할 상한계 농도기준이다.

표 4-4 이산화탄소 소화약제의 소화농도와 설계농도

가연물질명(화학식)	소화농도(Vol. %)	설계농도(Vol. %)
수소(H_2)	62	74
아세틸렌(C_2H_2)	55	66
일산화탄소(CO)	53	64
에틸렌(C_2H_4)	41	49
에틸알코올(C_2H_6O)	36	43
벤젠(C_6H_6)	31	37
프로페인(C_3H_8)	30	36
부테인(C_4H_{10})	28	34
아세톤(C_3H_6O)	25.5	31
메테인(CH_4)	25	30
석탄분말(C)	24	29

최대설계농도는 가스계 소화약제들 중 이산화탄소 소화약제와는 무관하고 할로겐화합물소화약제와 청정소화약제에만 적용되는 기준이다.

이산화탄소 소화약제는 주된 소화작용이 질식작용이므로 소화효과를 가질 수 있는 농도, 즉 소화농도에서는 이미 인체에도 질식작용을 나타내기 때문에 상한 농도기준이 무의미하다.

그러나 할론소화약제와 할로겐화합물소화약제는 약제들 각각의 인체 독성이 다르므로 안전기준으로서의 상한계 농도가 소화약제의 종류에 따라 필요하다. 이들 약제의 최대설계농도는 일반적으로 소화농도의 두 배 정도이다.

4-3-3 소화약제 허용농도

가스계 소화약제의 허용농도는 가스계 소화약제들을 운용하기 위한 소화설비의 설계 시 소화약제의 독성이 인체에 영향을 주기 않을 정도의 농도를 규정한 것이다. 가스계 소화약제의 인체 유해성을 나타내는 척도는 치사농도(approximate lethal concentration, ALC)와 무독성량(no observed adverse effect level, NOAEL)이 대표적이다. 치사농도는 기체상 물질의 독성을 나타내는 대표적 단위로서 15분 동안의 노출로 인해 실험용 쥐의 절반이 사망하는 농도이고, 그 값이 작을수록 독성이 강하다. 이산화탄소 소화약제와 할로겐화합물소화약제의 독성은 치사농도로 표현한다. 특히 치사농도로 표현되는 이산화탄소 소화약제의 독성은 약제의 질식 독성도 포함되어 있다.

무독성량(NOAEL)은 '부작용 무관측 최대농도'라고 표현할 수 있으며 치사농도와 같이 기체상 물질의 흡입 독성을 나타내는 척도이나 인체에 부작용이 나타나지 않는 최대 허용농도를 의미한다. 즉, 무독성량(NOAEL)은 인간의 심장에 부작용이 관찰되지 않는 최대 허용농도로서 그 값이 작을수록 독성이 강하다.

할로겐화합물소화약제는 인체 독성을 NOAEL로 나타내도록 규정하고 있어서 청정소화약제설비의 최대허용설계농도는 NOAEL을 의미한다. NOAEL을 결정하는 방법은 기존의 동물실험방식과 함께 최근 개발된 PBPK모델(physiologically based phamacokinetics model, 생리학에 기초한 약물동력학)이 있다. 동물실험방식은 기체상 할로겐화합물에 실험용 개를 5분간 노출시킨 후 심장과민반응을 측정하는 방법으로서 전통적인 측정방법이라 할 수 있다. 그러나 인체의 여러 기관이 가지는 흡수특성과 대사작용은 개와는 다르므로 인체 내 여러 조직의 생리학적 특성을 고려한 약제 영향을 컴퓨터 모사실험(computer simulation)을 통해 계산한 것이 최근 개발된 PBPK모델이다. 실제적으로 PBPK모델로 측정된 할로겐화합물소화약제는 현재 4종류(HFC-227ea, HFC-125, HFC-236fa, FIC-13I1)

이나 지속적으로 늘어날 예정이며 대부분 동물실험법에 의한 측정치에 비해 NOAEL값이 상대적으로 높다. 할로겐화합물소화약제의 흡입 독성을 나타내는 NOAEL수치의 동물실험 결정과정으로 인해 할로겐화합물소화약제의 설비에서도 약제 분사 시간은 최대 5분을 넘지 않도록 규정하고 있으며 이를 '인체노출 최대 허용시간'(maximum permitted human exposure time)이라고 한다.

NOAEL과 관련 있는 독성 척도로서 '부작용관측 최저농도(lowest observed adverse effect level, LOAEL)'가 있다. LOAEL은 인체에 부작용이 나타나는 가장 낮은 농도이므로 그 수치가 작을수록 독성이 강하다. 그러므로 할로겐화합물소화약제 소화설비의 운용은 NOAEL과 LOAEL보다 낮게 진행되어야 한다.

미국의 경우 환경보호를 위해 제정된 환경청 산하 대체물질을 다루는 SNAP프로그램(significant new alternative policy program)에서는 할로겐화합물소화약제의 전역방출방식에 관한 운용 규정을 제시하고 있다. 구체적인 조건으로서 할로겐화합물소화약제의 설계농도가 LOAEL보다 높으면 사람이 없거나 피난시간이 30초를 초과하지 않는 곳에서만 운용하도록 규정하고 있다. 또한 피난 시간이 30초에서 1분 사이의 경우에는 소화약제의 농도가 LOAEL을 초과할 수 없도록 하였다. 그리고 피난시간이 1분을 넘는(최대 5분) 장소에서는 소화약제의 농도를 NOAEL보다 높게 운용하지 못하도록 규정하고 있다.

이 밖의 기체 독성을 나타내는 기준으로서 허용농도(threshold limit value, TLV)가 있다(표 1-4 참조). 실제로 소화약제의 독성을 비교하는 기준으로 허용농도가 이용되는 것은 아니나 이산화탄소 소화약제의 독성이나 혹은 다른 종류의 가스계 소화약제의 열분해 생성물의 인체 독성을 비교하는 척도로서 허용농도가 이용될 수 있다. 허용농도는 산업안전과 관련하여 미국 산업보건위원회(American Conference of Governmental Industrial Hygienists, ACGIH)에서 기체상 물질에 대해 매년 발표하는 수치이며, 8시간 작업할 동안 노출되어도 인체에 위험이 없을 최대 농도를 의미하는 시간가중평균(time weighed average) 허용농도(TLV-TWA)와 15분간의 노출에 의한 인체독성 여부를 표현하는 단기간노출(short term exposure limit) 허용농도(TLV-STEL)가 있다. 허용농도는 일반적으로 시간가중평균 허용농도를 가리키며 200 ppm 이하를 독성기체라고 규정한다.

4-3-4 소화약제 환경지수

가스계 소화약제들 중 할론소화약제와 '할로겐화합물 및 불활성기체소화약제'의 환경 영향성에 관한 척도는 세 가지가 대표적이며 오존파괴지수(ozone depletion potential, ODP), 지구온난화지수(global warming potential, GWP), 대기잔류시간(atmospheric life time, ALT)이 그것이다.

오존파괴지수는 소화약제에 의해 성층권(stratosphere)의 오존(ozone, O_3)이 고갈되는 정도를 나타내는 수치이며, 그 값이 클수록 오존층 파괴 정도가 높음을 의미한다. 성층권의 오존은 우주로부터 지구로 유입되는 자외선을 흡수하여 지표면에 도달되지 않도록 해주는 역할을 한다. 따라서 성층권의 오존 농도는 높을수록 좋으나 일부 소화약제를 포함한 할로겐화합물들이 성층권으로 유입되면 오존 분해반응을 유발하므로 오존 농도를 감소시킨다.

할로겐 원소는 플루오르(불소 fluorine, F), 염소(chlorine, Cl), 브롬(bromine, Br), 요오드(iodine, I), 아스타틴(astatine, At)의 다섯 원소이다. 그러나 아스타틴은 방사성 동위원소로서 자연계에 극미량이 존재하나 매우 불안정하여 다른 물질로 쉽게 분해되므로 실제로는 인간이 이용할 수 없는 원소이다. 그러나 나머지 원소들은 연소반응에 대한 부촉매소화작용이 있으므로 화합물 형태로 소화약제에 이용된다. 할로겐화합물 형성 시 전기음성도(electronegativity) 차이에 의해 플루오르화합물의 결합력이 가장 강하고 요오드화합물은 구조적인 강도가 가장 약하다. 그러므로 할로겐화합물이 소화약제로 사용될 경우에는 할로겐 원소의 분해가 가장 용이한 요오드화합물의 소화능력이 가장 우수하고, 그 다음이 브롬화합물이다. 그러나 요오드 원자는 큰 크기와 약한 결합력으로 인해 화합물 형성이 쉽지 않으므로 보편적인 소화약제로 이용되기는 어렵다. 그러므로 일반적인 소화약제로 사용되는 할로겐화합물은 주로 염소화합물이거나 브롬화합물이다.

소화약제로 이용되는 염소화합물과 브롬화합물은 일반적으로 염화탄화수소와 브롬화탄화수소 형태이다. 이런 물질들은 그 구조가 안정하여 인간이 거주하는 대류권(troposphere)에서는 햇빛이나 산소에 의한 분해가 진행되지 않고 대류권 위의 성층권에 도달한 후 강한 자외선에 의해 분해되어 염소라디칼(chlorine radical, •Cl)이나 브롬라디칼(bromine radical, •Br)을 유리시킨다. 이런 유리기에 의해 성층권의 오존(O_3)과 오존생성재료인 산소원자(O)가 반복적 순환과정을 통해 산소(O_2)로 바뀌게 되는 것이 성층권 오존파괴이다.

$$C_xH_yBr_z\text{(소화약제)} \xrightarrow{\text{자외선}} C_xH_yBr_{z-1} + \bullet Br \qquad \text{(식 4-20)}$$

$$\bullet Br + O_3 \longrightarrow \bullet BrO + O_2 \qquad \text{(식 4-21)}$$

$$\bullet BrO + O \longrightarrow \bullet Br + O_2 \qquad \text{(식 4-22)}$$

결국 할론소화약제의 성층권 오존 파괴 정도는 각 물질의 대류권에서의 분해도와 성층권에서의 라디칼 생성도에 따라 달라지며 기준물질인 CFC11($CFCl_3$)에 대한 상대적인 크기로 결정한다. 오존파괴지수(ODP)의 규정은 우리나라가 1992년 가입한 몬트리올 의정서(Montreal Protocol)에 명시되어 있으며 CFC11에 대한 시험물질의 상대적 비율로 표현된다.

$$\text{오존파괴지수(ODP)} = \frac{\text{시험물질 1 kg에 의해 파괴된 오존량}}{\text{CFC11 1 kg에 의해 파괴된 오존량}} \qquad \text{(식 4-23)}$$

할론소화약제에 의한 오존층 파괴를 개선하기 위한 방법이 청정소화약제의 개발이다. 따라서 기존의 할론소화약제는 한시적 사용으로 제한되었으며, 성층권 오존을 거의 파괴하지 않는 가스계 소화약제로 개발된 것이 '할로겐화합물 및 불활성기체소화약제'이다. 그러므로 할로겐화합물소화약제는 그 성분이 할로겐화합물이라 할지라도 오존파괴지수가 0.05 이하이며 대부분 0에 가깝다.

기후변화 현상의 핵심인 지구 온난화의 가장 큰 원인은 지구 복사선이 지구 밖으로 발산되지 못하고 대기권에 흡수되어 머물러 있는 온실효과(greenhouse effect) 때문이다. 지표면은 온도에 따라 파장이 4000 ~ 24000 nm의 지구 복사선을 지표면으로부터 방출한다. 다양한 파장의 열선인 이런 지구 복사선들은 대기권 맨 아래층인 대류권에 존재하는 이산화탄소, 수증기, 메테인(CH_4), 염화플루오린화탄소(CFC) 등에 의해 흡수되어 대류권의 기온을 상승시키게 된다. 지구 복사선을 흡수하는 대기 성분을 온실가스라고 하며 이산화탄소가 대표적이다. 이산화탄소는 지구 복사선 중 가장 많은 양을 차지하는 12000 ~ 16000 nm 파장의 것을 흡수하므로 온실효과의 주원인이라 할 수 있다. 그러므로 할론소화약제와 '할로겐화합물 및 불활성기체소화약제'의 지구온난화지수(GWP)는 이산화탄소의 대기 가열효과에 대한 상대적 비율로 나타낸다. 우리나라가 1993년에 비준한 교토협약의 부속서인 교토의정서(Kyoto Protocol)는 1997년에 제정되었고 지구온난화지수(GWP)를 일정 기간 이산화탄소에 의한 대기 가열효과에 대한 시험 물질의 대기 가열 효과의 비(ratio)로 표현하였다.

$$\text{지구온난화지수(GWP)} = \frac{\text{시험물질 1 kg에 의한 대기 가열효과}}{CO_2 \text{ 1 kg에 의한 대기 가열효과}} \quad \text{(식 4-24)}$$

지구온난화지수는 일반적으로 100년을 일정 기간으로 보며, 이 경우 지구온난화지수를 'GWP100'이라고 한다.

가스계 소화약제의 환경 영향성을 평가하는 세 번째 항목은 대기잔류시간

제
4
장

(atmosphere latency time, ALT)이다. 대기잔류시간은 소화약제 기체가 대기 중에서 햇빛이나 자외선 혹은 산소와의 화학반응 등을 통해 다른 물질로 분해되지 않고 남아있는 기간을 의미한다. ALT는 단위를 년(year)으로 나타내는데 짧을수록 환경파괴지수가 낮다.

4-4 이산화탄소 소화약제

4-4-1 소화약제로서 이산화탄소의 물리화학적 특성

이산화탄소는 상온에서 무색투명한 기체이며 공기 중에는 부피백분율로 0.036% 들어 있다. 이산화탄소 분자는 한 개의 탄소 원자가 두 개의 산소 원자와 각각 이중결합을 형성하고 있으므로 구조적으로 안정하며 추가적인 산화반응을 하지 않아 불연성(nonflammable)이다. 이산화탄소는 세 가지 상(phase)이 모두 존재 가능하며 삼중점(triple point)의 온도와 압력은 각각 −56.6°C 와 5.1 atm이다(그림 1-1 참조). 그리고 대기압 하에서 승화점(sublimation point)은 −78.2°C이며 상전이열은 증발열과 승화열이 각각 56.1 cal/g과 136.9 cal/g으로 비교적 큰 편이다. 특히 증발열은 물에 비해 10% 정도일 뿐이지만 다른 소화약제에 비해서는 큰 편이다. 이산화탄소의 밀도는 상에 따라 달라지며 고체, 액체, 기체 각각의 경우 1.57 g/cm^3, 1.07 g/cm^3, 0.002 g/cm^3 정도이다. 기체 상태의 밀도는 질소와 산소가 주성분인 공기에 비해 약 1.5배 큰 값이어서 공기 중에서는 아래로 가라앉게 된다.

액체에 대한 이산화탄소의 용해도(solubility)는 유기용매보다 물에 대한 값이 큰 편이며 일정량의 물 부피에 대해 용해 가능한 이산화탄소 기체의 최대 부피는 87.8% 정도이다. 특히 이산화탄소 기체가 물에 녹으면 약산(weak acid)인 탄산을 생성한다.

$$CO_2(g) + H_2O(l) \rightarrow H_2CO_3(l) \qquad (식\ 4\text{-}25)$$

또한 이산화탄소는 임계온도가 31.1°C 정도이어서 실온에서 액화가 가능하고 다른 물질과의 반응성이 매우 낮아 변질의 위험성이 없으므로 저장과 보관에 어려움이 없다. 또한 가격이 저렴하고 상전이열이 비교적 큰 편이어서 고체 상태의 드라이아이스(dry ice)와 같이 냉매로 이용할 수 있으며 액체에서 기체로 증발 시에도 주변의 온도를 떨어뜨리는 냉각효과가 크다.

소화약제로 이산화탄소를 사용하는 이유는 물질 자체의 불연성으로 인한 질식작용을 이용하기 위함이며 저장용기로부터의 기화과정을 통해 냉각소화작용도 나타난다. 또한 이산화탄소가 가지는 비활성은 다른 물질과 화학반응을 일으키지 않으므로 화재의 종류와 무관하게 소화약제로의 사용을 가능케 하며 소화 후 이차적인 피해를 수반하지 않는 장점이 있다. 아울러 물질 자체의 가격과 보관 관리상의 비용이 저렴하여 소화기용 소화약제 뿐 아니라 대규모 소화설비용 소화약제로 널리 이용되고 있다. 특히 응축이 용이하며 저장용기로부터의 방출 시에도 자체 압력만으로 분출이 가능하므로 별도의 방출 압력이 필요 없다는 장점도 있다.

국내의 경우 소화약제로 사용가능한 액화 이산화탄소의 품질규격은 이산화탄소 함량이 99.5 vol.% 이상이어야 하고, 수분 함량은 0.05 wt.% 이하인 것으로 규정되어 있다.

4-4-2 이산화탄소 소화약제의 소화작용

이산화탄소 소화약제의 소화작용은 질식소화와 냉각소화가 대표적이며 피복소화도 있다.

이산화탄소 기체의 질식작용은 공기 중 산소를 제거하는 것이 아니라 많은 양의 이산화탄소로 인해 산소의 상대적 비율을 낮추는 것이다. 대기 중에는 부피백분율로 21%의 산소 기체가 있다. 그러나 다량의 이산화탄소 기체를 분사하면

이 비율이 가연물의 한계산소농도 아래로 내려가게 되어 소화되는 것이 이산화탄소의 질식소화작용이다. 대표적인 가연물이라 할 수 있는 탄화수소의 경우 한계산소농도가 15% 정도이어서 이산화탄소는 유류화재의 소화에 효율적으로 사용되고 있다. 따라서 이산화탄소에 의한 질식소화는 고농도 유지에 따른 공간질식 개념이 필수적이므로 할론소화약제와 할로겐화합물소화약제와는 달리 소화시간이 상대적으로 길다.

이산화탄소 기체의 냉각소화작용은 줄-톰슨 효과(Joule-Thomson effect)에 의한 냉각작용이다. 줄-톰슨 효과는 압축된 기체가 단열상태(adiabatic)에서 압력 차이에 의해 분출구를 통해 자연 분출되는 경우 기체의 온도가 내려가는 현상이다. 소화약제로 사용되는 이산화탄소는 많은 양이 필요하므로 압력을 높여 액체 상태로 저장한다. 따라서 고압 저장용기로부터 좁은 분사구를 통해 방사되는 이산화탄소 기체는 방사 후 주위의 온도를 떨어뜨리게 되어 냉각소화작용을 나타낸다. 특히 이산화탄소가 소화약제로 사용되는 경우 질식소화작용을 위해 다른 가스계 소화약제와는 달리 많은 양이 방사되므로 냉각소화작용이 크게 나타난다. 전역방출방식으로 운용될 때에는 주위 온도의 냉각뿐만 아니라 방호대상물의 동결 위험성도 있으며, 대기 중에 고체 상태의 드라이아이스(dry ice) 분말을 형성하기도 한다.

이산화탄소 기체의 피복소화작용은 공기보다 무거운 특성 때문이다. 피복소화는 가연물의 주위에 불연성 물질이 둘러싸여 나타나는 소화작용이어서 대부분 화재 현장의 바닥에서 진행된다. 이산화탄소는 공기보다 1.52배 무거우므로 대기 중에 방사되면 아래쪽으로 내려가 쌓이게 된다. 따라서 이산화탄소 기체는 바닥에 있는 가연물에 대해 피복소화작용을 나타낼 수 있으므로 화염을 동반하는 표면화재 뿐만 아니라 무염상태로 진행되는 심부화재에도 효과적인 소화약제이다.

이산화탄소 소화약제가 효과적으로 적용될 수 있는 대표적인 화재의 종류는 B급 화재와 C급 화재이며, 전역방출방식의 경우 A급 화재도 포함된다. 특히 전기화재인 C급 화재는 이산화탄소의 전기절연성으로 인해 효과적이며 다른 화재의 경우에도 소화약제로 인한 이차적인 오염이나 피해가 없는 점이 장점이다. 또한 심부화재에 대한 적용이 가능하고 약제의 수명이 반영구적이며 가격도 저렴하여 경제적이다.

4-4-3 이산화탄소 소화약제의 적응성

이산화탄소 소화약제의 사용이 효율적으로 적용되지 못하는 경우도 몇 가지 있다.

그 첫 번째는 사람이 상시 근무하는 장소이다. 이것은 전역방출방식과 같이 구획된 방호구역 내로 다량의 이산화탄소 기체를 방출하면 질식의 위험성이 있기 때문이다. 이산화탄소의 허용농도(TLV)는 5000 ppm으로서 독성기체는 아니지만 질식소화작용을 나타낼만한 수준의 공기 중 농도는 인체에도 질식작용을 나타낼 수 있다.

두 번째는 제5류 위험물인 자기반응성(자기연소성) 물질들의 연소이다. 니트로셀룰로오스(cellulose nitrate)와 같은 셀룰로오스류 등의 자기반응성 위험물들은 분자 내 산소 원자를 가지고 있으므로 질식소화작용이 주된 소화기능인 이산화탄소가 소화작용을 나타내지 못하기 때문이다.

세 번째는 활성금속이 있는 장소이다. 활성금속(reactive metal)은 반응성금속이라고 불리며 화학적 반응성이 큰 금속이다. 특히 고온에서 기체와의 반응성이 커 비활성인 이산화탄소 기체와도 화재 현장에서 화학반응을 일으키므로 이산화탄소 소화약제가 소화작용을 효과적으로 나타낼 수 없다. 활성금속의 대표적인 원소로는 나트륨(소듐, Na), 칼륨(포타슘, K), 티타늄(Ti), 바나듐(V), 지르코늄(Zr), 텅스텐(W) 등이 있다.

이 밖에도 포스핀(phosphine, PH_3)이나 다이보란(diborane, B_2H_6)과 같은 자연발화성 물질의 화재에도 이산화탄소 기체의 소화작용은 효과적이지 못하다.

이산화탄소 소화약제의 단점은 질식위험성과 소화시간이 길다는 점과 함께 저장용기의 압력을 다른 가스계 소화약제에 비해 매우 높게 유지해야 하는 것이다. 또한 대량 방사 시 줄-톰슨 효과에 의한 동상 위험성과 드라이아이스 생성에 따른 초기 피난 장애 등을 들 수 있다.

4-4-4 이산화탄소 소화약제의 저장방식

이산화탄소 소화약제의 저장방식은 크게 소화기, 저압식 저장고. 고압식 용기의 세 종류이며, 어떤 방식이든 저장된 이산화탄소는 액체 상태로서 사용 용도상의 차이만이 있다. 저장 되는 이산화탄소의 양은 무게(kg)로도 나타내지만 일반적으로는 저장 공간과의 비율을 의미하는 충전비(filling ratio, L/kg)로 표현한다. 소화기의 경우는 충전비가 1.34 이상 1.5 이하이나 대부분 1.5이다. 저압식은 충전비가 1.1 이상 1.4 이하이나 실제로는 1.1로 운용되며, 고압식은 1.5 이상 1.9 이하이나 대부분 1.5로 저장되어 있다. 충전비는 그 값이 작을수록 저장 압력이 높아 외부 온도 상승에 따른 저장 용기의 압력 증가가 상대적으로 크므로 저장용기의 보관 시 주위 온도 변화에 대한 안전을 고려하여야 한다.

저압식 저장고 방식와 고압식 용기 방식은 흔히 저압식과 고압식이라고 하며 소화기가 아닌 이산화탄소 소화약제 설비에 이용되는 저장방식을 가리킨다.

저압식은 1.9 Mpa(≒19 kg/m^2)이상 2.3 MPa(≒23 kg/m^2)이하의 압력으로 액체 상태의 이산화탄소를 대형 저장고에 저장하는 방식이며 온도는 -20°C 이상 18°C 이하의 범위를 유지하고 분사헤드 압력은 1.05 MPa이다. 국가화재안전기준(NFSC)에서 저압식은 -18°C에서 2.1 MPa의 압력으로 액체 이산화탄소를 저장하도록 규정되어 있다. 따라서 저압식 저장고는 자동온도조절이 가능한 냉동설비가 필수적이며 방호구역이 매우 큰 대형시설물에 효과적이다. 또한 저압식은 일반적으로 대형 저장고 한 개로 운용되므로 이산화탄소 소화약제의 충전과 관리가 쉽고 약제 저장시설의 공간 부피도 고압식에 비해 작게 차지하는 장점이 있다. 그러나 온도 상승에 따른 압력 변화를 인식하기 위해 안전밸브 이외도 압력계와 액면계 그리고 압력경보장치 등이 필요하다는 것[29]은 단점이다.

고압식은 20°C에서 6 MPa의 압력으로 저장 용기에 액체 상태의 이산화탄소를 저장하는 방식이다. 고압식은 저장 용기로서 여러 개의 68 L 표준 용기를 사용하며, 충전비는 1.5 이상 1.9 이하이나 대부분 1.5로 저장하고 분사헤드 압력은 2.1 MPa이다. 고압식은 방호공간이 작은 소규모 시설에 효과적이며 안전밸브 이외는 다른 안전장치가 필요 없다는 장점이 있다. 그러나 단점으로서 약제 저장량에 비해 저장용기의 보관 공간이 많이 필요하며 재충전 시 각각의 용기를 해체 후 연결해야 하는 불편함이 있다.

4-4-5 이산화탄소 소화약제의 소화농도와 저장량

소화에 필요한 이산화탄소 기체의 부피를 구하는 가장 단순한 방법은 방호구역의 체적와 최소소화농도(소화농도)를 곱해주면 된다. 즉, 소화농도는 소화작용을 위한 최소 농도이므로 분율로 표현되는 소화농도에 방호공간의 부피를 곱하면 소화에 필요한 이산화탄소 기체 부피를 계산할 수 있다.

$$\text{소화약제 } CO_2 \text{ 기체부피}(V_{CO_2}) = \text{소화농도} \times \text{방호공간 부피}(V_o) \qquad (\text{식 } 4\text{-}26)$$

$$V_{CO_2}(L) = \frac{21 - LOC}{21} \times V_o(L) \qquad (\text{식 } 4\text{-}27)$$

실제적으로 이산화탄소 소화설비에 적용되는 이산화탄소 소화약제의 부피는 최소설계농도(설계농도)에 방호공간의 부피를 곱한 것이므로 이론 계산치보다 20%

29) 이산화탄소 소화설비의 화재안전기준(NFSC 106) 제4조 ②항(2012년 8월)

큰 값이다.

예제 4-6 에틸알코올(C_2H_6O)이 가연물인 방호구역의 체적이 30 m^3이다. 〈표 4-4〉를 이용하여 소화설비 내 저장해야 할 이산화탄소 기체의 부피를 구하면?

풀이 (식 4-27)에 소화농도와 방호공간 부피를 대입하면
이론적 CO_2 부피 = 0.36 × 30 m^3 = 10.8 m^3

소화설비에는 설계농도가 반영되어야 하므로 20%를 추가하여야 한다.
10.8 m^3 × 1.2 = 12.96 m^3

또는 방호공간 부피에 설계농도를 직접 곱해도 된다.
30 m^3 × 0.43 = 12.9 m^3

정답 12.96 m^3 또는 12.9 m^3

4-4-6 이산화탄소 소화약제의 저장량(국가화재안전기준)

국내의 경우 이산화탄소 소화설비를 위한 약제량 산정은 국가화재안전기준(NFSC 106, 화재안전기준)의 규정과 위험물안전관리법의 규정의 두 기준이 있다. 일반 건축물들은 국가화재안전기준의 대상이며, 특별한 위험물을 보관하는 시설은 위험물안전관리법에 명시된 약제저장량 산정의 대상이다.

먼저 국가화재안전기준(NFSC 106)에서는 이산화탄소 소화설비의 약제저장량 산정에 대해 약제방출방식, 방호구역의 크기와 구조, 화재의 형태에 따라 세분하여 규정하고 있다. 약제방출방식은 전역방출방식, 국소방출방식, 호스릴방식으로 구분되며, 방호구역과 관련된 요소는 방호구역의 크기, 방호구역 내 불연물체의 유무와 크기, 개구부의 크기와 자동개폐장치의 유무 등이 고려사항이다. 화재의 형태에는 표면화재와 심부화재, 가연성 액체 및 가스 화재, 평면화재와 입체화재

등에 따라 달라진다. 따라서 국가화재안전기준에서 규정한 이산화탄소 소화설비의 약제 저장량 산정은 다음의 여섯 가지 경우[30]로 정리된다.

4-4-6-1 전역방출방식 표면 일반화재(NFSC)

전역방출방식의 이산화탄소 소화설비에서 표면화재의 경우 약제 저장량은 방호구역의 체적과 자동개폐장치가 없는 개구부의 면적에 의해 결정된다. 즉, 약제 저장량은 방호구역의 크기와 연관된 방호체적 기본량에 개구부의 크기에 따라 추가되는 약제량의 합으로 결정되며 최소설계농도는 34 vol.%이다.

$$CO_2 \text{ 약제저장량}(Q) = \text{방호체적 기본량} + \text{추가 약제량} \qquad (\text{식 } 4\text{-}28)$$

$$Q(kg) = \underbrace{V(m^3) \cdot K_1(kg/m^3)}_{\text{방호체적 기본량}} + \underbrace{A(m^2) \cdot K_2(kg/m^2)}_{\text{추가 약제량}} \qquad (\text{식 } 4\text{-}29)$$

여기서 방호체적 기본량은 방호구역의 체적(V, m^3)과 체적인자(volume factor, K_1)의 곱으로 구성된다. 방호대상물이 들어 있는 공간을 의미하는 방호구역의 체적은 외형적 방호구역의 체적(V_o)에서 방호구역 내 불연성 물체의 부피(V_1)를 뺀 실질적 방호구역 체적($V_o - V_1$)이다.

이 식에서 K_1과 K_2는 소화약제의 방출량을 결정하는 계수이므로 방출인자(flooding factor)라고도 하며 체적인자(K_1)와 개방인자(K_2)로 구분한다. 체적인자(K_1)는 방호구역의 단위부피(m^3)당 필요한 약제량(kg)을 의미하며 실질적 방호체적의 크기에 따라 그 값이 달라진다(표 4-5).

30) 남상욱, 『소방시설의 설계 및 시공』, 성안당(파주), 개정5판, pp.715 ~ 731(2012).

표 4-5 CO_2 소화약제의 표면화재 체적인자(K_1)

방호구역 부피(m^3)	k_1(kg/m^3)	최저 한도 약제량(kg)
45 미만	1.00	45
45 이상 150 미만	0.90	
150 이상 1,450 미만	0.80	135
1,450 이상	0.75	1,125

즉, 체적인자(K_1)는 방호구역의 단위 체적에 필요한 약제량으로서 방호구역의 체적에 따라 효율적인 소화작용을 위해 정한 소화약제량이다.

추가 약제량은 방호구역의 밀폐성 결여에 따라 필요한 약제 추가량을 나타낸 것이어서 개구부의 면적(A, m^2)에 개방인자(opening factor, K_2)를 곱한 값이다. 즉, 개방인자(K_2)는 자동개폐장치가 없는 개구부의 단위면적(m^2)당 추가되어야 할 약제량(kg)이며 전역방출방식의 표면화재 경우에는 5 kg/m^2이다.

$$Q(kg) = (V_o - V_1)(m^3) \cdot K_1(kg/m^3) + A(m^2) \cdot 5(kg/m^2) \qquad \text{(식 4-30)}$$

〈표 4-5〉에 명시된 최저한도 약제량은 계산식에 의해 결정된 약제량의 하한계를 의미하며 계산량이 이 값보다 작을 경우 실제 저장량은 최저한도 저장량이 된다.

체적인자(K_1)의 결정 시 기준이 되는 방호구역의 체적(V)은 방호구역 내 불연성 혹은 내연성 밀폐구조물이 있을 경우에는 원부피(V_o)에서 그 부피(V_1)를 제외해야 한다. 또한 자동개폐장치가 없는 개구부가 있을 경우 개구부의 면적은 방호구역 전체 표면적의 3% 이내이어야 하며 개구부의 면적에 따른 추가 약제량이 방호체적 기본량보다 클 경우에는 국소방출방식의 계산식에 따라야 한다.

이와 같은 산정방법에 의해 저장량이 결정된 가스계 소화약제가 저장용기로부터 방출되어 분사가 지속되는 시간을 방사시간이라고 한다. 전역방출식 표면화재에서 이산화탄소 소화설비의 소화약제 방사시간은 1분 이내이다.

예제 4-7 다음의 설명들 중 바르지 못한 것은?

① 이산화탄소 약제량 계산 시 체적인자(K_1)는 방호구역의 크기에 비례한다.
② 이산화탄소 약제량 계산 시 개방인자(K_2)는 단위가 kg/m^2이다.
③ 전역방출방식에서 방호구역 내 불연성 물체가 있을 경우 약제 저장량은 감소한다.
④ 이산화탄소 약제량 계산 시 개구부의 자동개폐장치가 있으면 약제량은 감소한다.

풀이 이산화탄소 소화설비의 소화약제량 계산 시 기본량은 방호구역의 부피와 체적인자(K_1)의 곱으로 결정된다. 방출인자(K_1)는 방호구역이 커지면 더 작은 값을 갖는다(표 4-5 참조).

정답 ①

4-4-6-2 전역방출방식 가연성 액체 및 가스 화재(NFSC)

가연성 액체 및 가스 화재를 대비한 이산화탄소 소화설비 내 약제 저장량은 일반 건축물에 비해 많아야 한다. 따라서 최소설계농도는 표면화재와 동일하게 34 vol.%이나 저장량의 결정 방법은 전역방출방식 표면화재의 경우와 달리 방호체적 기본량의 계산에서 전환인자 개념의 보정계수(conversion factor, C)를 더 곱해주어야 한다. 보정계수(C)는 가연성 물질의 특성을 고려하여 일반가연물 비해 상대적으로 더 필요한 소화약제량을 고려한 수치로서 1 이상의 값이다. 보정계수는 물질 특성을 반영한 설계농도에 따라 달라지는 값이며 국가화재안전기준에 12개의 물질에 대해 명시되어 있다(표 4-6). 가스화재도 표면화재이므로 체적인자(K_1)값은 표면화재의 경우와 동일하다(표 4-5 이용). 추가 약제량을 결정하는 개방인자(K_2)도 일반 표면화재의 경우와 동일하게 5 kg/m^2이다.

$$Q(kg) = C \cdot V(m^3) \cdot K_1(kg/m^3) + A(m^2) \cdot 5(kg/m^2) \qquad (식\ 4\text{-}31)$$

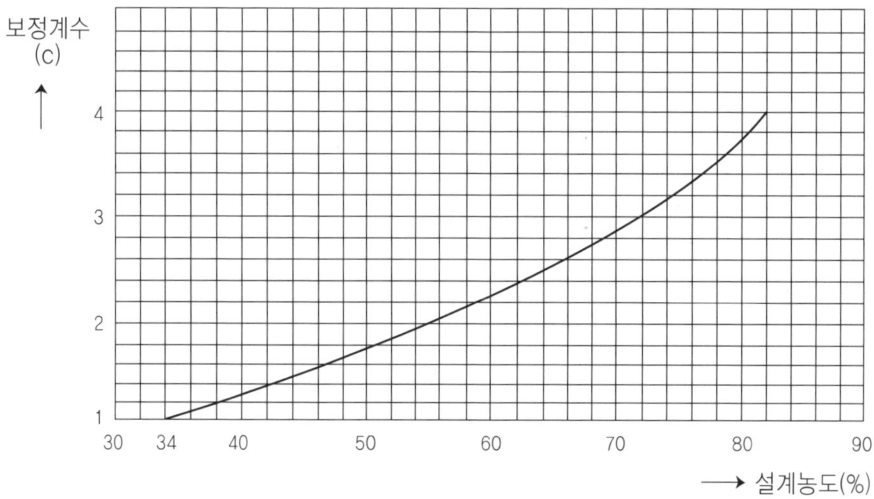

그림 4-6 설계농도에 대한 CO_2 보정계수

표 4-6 가연성 액체 또는 가스의 설계농도(NFSC 106 별표 1)

방호대상물	설계농도(Vol. %)
수소(Hydrogen)	75
아세틸렌(acetylene)	66
일산화탄소(Carbon monoxide)	64
산화에틸렌(Ethylene oxide)	53
에틸렌(Ethylene)	49
에테인(에탄, Ethane)	40
석탄가스, 천연가스(Coal, Natural Gas)	37
시클로프로페인(시클로프로판, Cyclopropane)	37
이소부테인(이소부탄, Isobutane)	36
프로페인(프로판, Propane)	36
부테인(부탄, butane)	34
메테인(메탄, Methane)	34

가연성 액체 및 가스 화재에서의 전역방출방식 이산화탄소 소화설비의 소화약제 방사시간은 1분 이내이다.

예제 4-8 방호대상물이 아세틸렌이며 체적이 50 m^3인 방호구역 내 모든 물체는 가연성이다. 또한 방호구역 내 자동개폐장치가 없는 환기구의 총 면적이 8 m^2이라면 전역방출방식의 이산화탄소 소화설비에 필요한 약제량은 몇 kg 이상인가?

풀이 방호구역 내 불연성 물질이 없으므로 V_1은 0이며, (식 4-31)을 이용하기 위해 보정계수(C)는 〈표 4-6〉과 〈그림 4-6〉을 통해 구하고, 체적인자(K_1)는 〈표 4-5〉에서 결정한다.

$$\begin{aligned} Q(kg) &= C \cdot V(m^3) \cdot K_1(kg/m^3) + A(m^2) \cdot 5(kg/m^2) \\ &= (2.6) \cdot 50(m^3) \cdot 0.9(kg/m^3) + 8(m^2) \cdot 5(kg/m^2) \\ &= 157\ kg \end{aligned}$$

정답 157 kg

4-4-6-3 전역방출방식 심부화재(NFSC)

심부화재에서의 소화약제 저장량 계산은 형태적으로 표면화재의 경우와 유사하며 방호체적 기본량과 추가 약제량의 합으로 표현된다. 그러나 표면화재에 비해 상대적으로 많은 양의 이산화탄소 소화약제가 필요하므로 방호체적 기본량의 결정요소인 체적인자(K_1)가 방호대상물의 종류에 따라 달라지며(표 4-7), 추가 약제량 계산에 이용되는 개방인자(K_2)도 개구부 단위면적(m^2)당 10 kg이 주어진다.

$$Q(kg) = V(m^3) \cdot K_1(kg/m^3) + A(m^2) \cdot 10(kg/m^2) \qquad (식\ 4\text{-}32)$$

전역방출방식 심부화재에서의 이산화탄소 소화설비의 소화약제 방사시간은 7분 이내이다.

표 4-7 CO_2 소화약제의 심부화재 체적인자(K_1)

방화대상물	K_1(kg/m^3)	설계농도(Vol. %)
일반전기설비	1.3	50
전기설비(55 m^3 미만)	1.6	50
서고, 창고(목재)	2.0	65
창고(고무, 모피, 석탄)	2.7	75

예제 4-9 체적이 100 m^{3}인 서점 창고에 자동개폐장치가 없는 환기구의 총 면적이 8 m^{2}이고, 목재 서가를 포함한 창고 내 모든 물체는 가연성이다. 전역방출방식의 이산화탄소 소화설비에 필요한 약제량은 몇 kg 이상인가?

풀이 목재 가연물은 심부화재 대상이므로 (식 4-32)와 (표 4-7)을 이용하여야 한다. 또한 $V = (V_o - V_1)$이므로

$$Q(\text{kg}) = (V_o - V_1)(\text{m}^3) \cdot K_1(\text{kg/m}^3) + A(\text{m}^2) \cdot 10(\text{kg/m}^2)$$
$$= (100-0)\ \text{m}^3 \cdot 2\ \text{kg/m}^3 + 8\ \text{m}^2 \cdot 10\ \text{kg/m}^2$$
$$= 280\ \text{kg}$$

정답 280 kg

4-4-6-4 국소방출방식 평면화재(NFSC)

평면화재의 경우는 소화약제의 분사가 방호구역 내 특정한 한 면의 화소에만 이루어지므로 국소방출방식 이산화탄소소화설비 내 이산화탄소 소화약제의 저장량은 평면의 면적에 비례한다. 방출인자(K)는 방호대상 단위면적당 필요한 약제량으로서 13 kg/m^{2}이며, 분사압력 차이에 따른 소화효과를 보정하기 위해 약제할증계수(h)를 곱해준다. 약제할증계수(h)는 고압식과 저압식이 각각 1.4와 1.1이며, 국소방출방식의 경우, 약제 분사헤드의 분사압력 차이에 의한 소화작용의 차

이를 보정하는 수치이다. 고압식의 경우 분사헤드를 통해 방출된 이산화탄소 소화약제의 약 70%가 액체 상태이며 기체 상태는 30%이다. 그러나 저압식은 90%가 액체상이며 10%만이 기체상이다. 방호대상물에 작용하는 소화약제는 액체상이 효과적이며, 기체상은 비산작용으로 인해 소화작용이 크지 않다. 그러므로 70%를 100% 되게 하는 보정계수로서 고압식 약제할증계수는 1.4이며, 90%에 대한 보정치로서 저압식 약제할증계수는 1.1이 된다.

결국 국소방출방식의 평면화재에서 소화설비 내 저장되어야 할 이산화탄소의 양(Q, kg)은 방호대상물의 표면적(surface area, S)과 방호대상 단위면적당 필요한 약제량을 의미하는 방출인자(K)(=13 kg/m^2)와 약제할증계수(h)의 곱으로 결정된다.

$$Q(kg) = S \cdot K \cdot h = S(m^2) \cdot 13(kg/m^2) \cdot h \qquad (식\ 4\text{-}33)$$

(단, h는 1.4 또는 1.1)

국소방출방식 이산화탄소 소화설비의 소화약제 방사시간은 미국방화협회(NFPA) 규정의 최소유효방사시간(minimum effective discharge time) 개념[31)]으로서 화재의 종류와 무관하게 모두 30초 이상이다(국가화재안전기준에는 "30초 이내"로 표현되어 있다[32)]).

예제 4-10 방호구역 내 방호대상물의 노출된 표면적이 12 m^{2}이고 평면화재를 대비한 국소방출방식의 이산화탄소 소화설비는 충전비 1.5의 고압식이다. 약제 저장을 위해 필요한 68 L 표준 용기는 몇 개가 필요한가?

---

31) NFPA 12(2011 ed.) 6.3.3.1 : "the minimum effective discharge time for computing quantity shall be 30 seconds."

32) 이산화탄소소화설비의 화재안전기준(NFSC 106) 제10조 ②의 2항(2012년 8월)

풀이 먼저 (식 4-32)를 이용하여 약제 저장량(kg)을 구한다.

$$Q(kg) = S(m^2) \cdot 13(kg/m^2) \cdot h$$
$$= 12\ m^2 \cdot 13\ kg/m^2 \cdot 1.4$$
$$= 218.4\ kg$$

충전비가 1.5 L/kg 이므로 저장약제 부피를 구하면

저장약제의 부피(L) = 충전비 × 저장약제 무게
= 1.5(L/kg) × 218.4 kg
= 327.6 L

필요한 저장 용기의 개수 = 327.6 L ÷ 68 L = 4.82개

정답 5개

4-4-6-5 국소방출방식 입체화재(NFSC)

입체화재는 구획된 방호구역 전체 공간에 대한 화재를 대상으로 한 것이어서 국소방출방식이산화탄소소화설비 내 이산화탄소 약제의 저장량(Q)은 방호공간의 체적(V)과 약제할증계수(h), 방호공간 단위체적당 약제량을 나타내는 체적인자(K)의 곱으로 결정된다. 약제할증계수(h)의 경우 평면화재와 동일하게 고압식은 1.4, 저압식은 1.1을 적용한다.

$$Q(kg) = V(m^3) \cdot K(kg/m^3) \cdot h \qquad (식\ 4\text{-}34)$$

(단, h는 1.4 또는 1.1)

여기서 체적인자(K)는 방호공간의 단위체적당 필요한 약제량(kg/m^3)을 의미하며 방호공간의 벽면적(A)과 방호대상물 주위 벽면적(a)에 의해 다음과 같이 표현된다.

$$K = 8 - 6\frac{a(m^2)}{A(m^2)} \qquad (식\ 4\text{-}35)$$

(단, A는 방호공간의 표면적, a는 방호대상물 주위 벽면적)

방호공간은 앞에서 설명한 바와 같이(4-2-2 참조) 방호대상물로부터 0.6 m 이격된 면으로 이루어진 내부공간을 의미하므로 방호공간의 벽면적(A)은 천정과 바닥을 제외한 방호공간의 네 개 벽면적을 합한 값이다. 그러나 방호대상물 주위 벽면적(a)은 방호대상물로부터 0.6 m 이내 위치한 벽면들 중 바닥과 천정을 제외한 네 면의 표면적을 합한 값이다. 방호공간의 벽면적(A)은 벽면의 실체와 무관하게 가상적으로 정한 수치이나 방호대상물 주위 벽면적(a)은 벽면이 실제로 존재하지 않을 경우 0으로 계산한다. 방호대상물 주위 0.6 m 이내에 실제로 벽면이 존재하면 (식 4-35)에서 K값은 주위 벽면이 없는 경우에 비해 작아지게 된다. 즉, 방호대상물로부터 0.6 m 이내 주위에 벽이 있으면 소화에 필요한 소화약제의 양은 감소한다. 국소방출방식 이산화탄소 소화설비의 소화약제 방사시간은 화재의 종류와 무관하게 모두 30초 이상이다(국가화재안전기준에는 "30초 이내"로 표현되어 있음).

예제 4-11 방호구역 내 가로, 세로, 높이가 모두 1 m인 방호대상물이 있고 방호대상물 주위 60 cm 이내 존재하는 벽면적의 합은 4 m^2이다. 국소방출방식의 저압식 이산화탄소 소화설비로 입체화재를 대비한다면 필요한 소화약제 저장량은 몇 kg 이상인가? (소수점 아래 첫째 자리까지만)

풀이 (식 4-35)를 이용하기 위해 먼저 방호공간의 벽면적(A)을 구한다.

세 변이 모두 1 m인 정육면체로부터 바닥을 제외한 옆과 위로 0.6 m씩 연장된 방호공간은 가로, 세로 높이가 각각 2.2 m, 2.2 m, 1.6 m이고 부피가 7.744 m^3인 직육면체이다. 그러므로 방호공간 네 옆면적의 합(A)은 네 개의 2.2 m × 1.6 m이다.

$A = 4 \times 2.2\ m \times 1.6\ m = 14.08\ m^2$

또한 주위 벽면적(a)이 4 m^2이므로 (식 4-35)를 이용하여 방출인자(K)를 구한다.

$K = 8 - 6(a/A) = 8 - 6(4\ m^2/14.08\ m^2) \fallingdotseq 6.30$

(식 4-34)를 이용하여 약제 저장량을 계산하면

$$\begin{aligned} Q(kg) &= V(m^3) \cdot K(kg/m^3) \cdot h \\ &= 7.744(m^3) \cdot 6.30(kg/m^3) \cdot 1.1 \\ &\fallingdotseq 53.7\ kg \end{aligned}$$

정답 53.7 kg

4-4-6-6 호스릴방식(NFSC)

호스릴방식의 소화설비에 필요한 이산화탄소 저장량(Q)은 호스릴의 노즐수(N)에 방출인자 개념의 노즐당 약제량(K)을 곱하여 결정한다. 또한 호스릴방식에서 노즐당 소화약제의 저장량(K)은 90 kg 이상으로 규정되어 있으므로 노즐을 통한 방사량이 매 분당 60 kg이면 호스릴을 통한 소화약제 방사시간은 1분 30초 이상이 된다.

$$Q(kg) = N(\text{개}) \cdot K(kg/\text{개}) = N(\text{개}) \cdot 90(kg/\text{개}) \qquad \text{(식 4-36)}$$

그리고 호스릴방식의 경우 호스접결구와 방호대상물의 수평거리는 15 m 이하이어야 한다.

4-4-7 이산화탄소 소화약제의 저장량(위험물안전관리법)

위험물안전관리법에서 규정한 이산화탄소 소화설비의 소화약제 저장량 계산방법은 국가화재안전기준과는 달리 크게 4종류로서 전역방출방식, 국소방출방식 평면화재, 국소방출방식 입체화재, 이동식설비로 구분할 수 있다. 계산식의 형태는 국가화재안전기준(NFSC)의 경우와 유사하나 가장 큰 차이는 소화약제계수(N)를 추가적으로 적용하는 점이다.

표 4-8 위험물안전관리법 CO_2 소화약제계수(N)

위험물	N	위험물	N
아세트니트릴	1.0	초산메틸	1.0
아세톤	1.0	초산에틸	1.0
이소옥탄	1.0	시클로헥산	1.0
이소프렌	1.0	펜탄	1.0
이소프로필아민	1.0	헥산	1.0
이소프로필에테르	1.0	헵탄	1.0
이소펜탄	1.0	벤젠	1.0
이소헥산	1.0	메틸에틸케톤	1.0
이소헵탄	1.0	아세트알데히드	1.1
에틸아민	1.0	아닐린	1.1
휘발유	1.0	염화비닐	1.1
개미산에틸	1.0	채종유	1.1
디에틸아민	1.0	피리딘	1.1
중유	1.0	부탄올	1.1
윤활유	1.0	초산	1.1
테트라히드로푸란	1.0	모노클로로벤젠	1.1
등유	1.0	아크릴로니트릴	1.2
트리에틸아민	1.0	에탄올	1.2
톨루엔	1.0	옥탄	1.2
나프타	1.0	디에틸에테르	1.2
프로판올	1.0	비닐에틸에테르	1.2
2-프로판올	1.0	디옥산	1.6
프로필아민	1.0	메탄올	1.6
개미산메틸	1.0	산화프로필렌	1.8
개미산프로필	1.0	이황화탄소	3.0
원유	1.0	그밖의 것	1.1
경유	1.0		

가연물의 종류와 무관한 이동식설비를 제외한 세 가지 경우에서 가연물질인 위험물의 종류에 따라 추가되어야 하는 소화약제의 양을 소화약제계수(N)를 통해 할증해주는 점이 근본적인 차이점이며, 전역방출방식의 경우 체적인자(K_1)를 방호구역의 크기에 따라 여섯 개로 세분하여 적용하는 점도 국가화재안전기준과는 다른 점이다.

위험물질 각각에 관한 소화약제계수(N)는 1.0 이상 3.0 이하의 수치이며, 모든 위험물질이 53가지로 분류되어 '위험물안전관리법 세부기준 별표 2'에 수록되어 있다(표 4-8).

4-4-7-1 전역방출방식(위험물안전관리법)

위험물안전관리법에서 규정한 이산화탄소 소화설비의 전역방출방식 소화약제 저장량 결정은 국가화재안전기준(NFSC)의 경우와 계산식이 유사하나 전체적으로 소화약제계수(N)를 곱해주어야 한다.

$$Q(kg) = [\ V \cdot K_1 + A \cdot K_2\ ] \cdot N = [(V_o - V_1) \cdot K_1 + A \cdot K_2\ ] \cdot N \qquad \text{(식 4-37)}$$

이 식에서 방호구역의 체적(V)은 방호구역 내 불연성 물체의 부피(V_1)를 방호구역의 외형적 체적(V_o)에서 뺀 실질적 방호구역의 체적이며, K_1과 K_2는 각각 체적인자와 개방인자이다. K_1은 방호구역의 단위체적당 필요한 소화약제량으로서 방호구역의 크기에 따라 국가화재안전기준과는 달리 여섯 단계로 세분되어 있다(표 4-9). 그러나 K_2는 국가화재안전기준의 경우와 동일하게 5 kg/m^2이다.

표 4-9 위험물안전관리법 표면화재 체적인자(K_1)

방호구역 부피(m^3)	k_1(kg/m^3)	최저한도량(kg)
5 미만	1.20	-
5 이상 15 미만	1.10	6
15 이상 50 미만	1.00	17
50 이상 150 미만	0.90	50
150 이상 1,500 미만	0.80	135
1500 이상	0.75	1,200

$$Q(kg) = [(V_o - V_1)(m^3) \cdot K_1(kg/m^3) + A(m^2) \cdot 5(kg/m^2)] \cdot N \qquad (식\ 4\text{-}38)$$

〈표 4-9〉에 명시된 최저한도 약제량은 계산식에 의해 결정된 약제량의 하한계를 의미하며, 계산량이 이 값보다 작을 경우 실제 저장량은 최저한도 저장량이 된다.

4-4-7-2 국소방출방식 평면화재(위험물안전관리법)

국소방출방식 평면화재의 경우 소화약제 계산식은 일반 방호대상물의 경우(국가화재안전기준)와 유사하며 소화설비 내 저장되어야 할 이산화탄소의 양(Q, kg)은 방호대상물의 표면적(surface area, S)과 방출인자(13 kg/m^2)와 약제할증계수(h)를 곱한 값에 소화약제계수(N)를 추가적으로 더 곱하여 결정한다. 방출인자(K)는 13 kg/m^2으로 일반 방호대상물의 경우와 동일하며 약제할증계수 또한 저장방식에 따라 고압식은 1.4, 저압식은 1.1을 적용한다.

$$Q(kg) = S \cdot K \cdot h \cdot N = S(m^2) \cdot 13(kg/m^2) \cdot h \cdot N \qquad (식\ 4\text{-}39)$$

(단, h는 1.4 또는 1.1)

예제 4-12 위험물 저장시설 내 피리딘(pyridine)이 담겨져 있는 방호대상물의 노출된 표면적이 10 m^2이다. 평면화재에 대비하기 위해 고압식으로 운용되는 국소방출방식의 이산화탄소 소화설비에 필요한 소화약제 저장량은 몇 kg 이상인가?

풀이 (식 4-39)를 이용하여 저장량을 구한다. 고압식이므로 압력인자(h)는 1.4를, 피리딘의 소화약제계수는 1.1을 대입한다(표 4-8).

$$Q(kg) = S(m^2) \cdot 13(kg/m^2) \cdot h \cdot N$$
$$= 10\ m^2 \times 13\ kg/m^2 \times 1.4 \times 1.1$$
$$= 200.2\ kg$$

정답 200.2 kg

4-4-7-3 국소방출방식 입체화재(위험물안전관리법)

국소방출방식 입체화재의 경우도 약제량의 결정이 국가화재안전기준에 의한 약제량 계산법과 동일하나 전체에 대해 소화약제계수(N)을 더 곱해주는 점이 다르다. 따라서 이산화탄소 소화약제의 저장량(Q)은 방호공간의 체적(V)과 약제할증계수(h), 그리고 방호공간 단위체적당 약제량을 나타내는 체적인자(K)를 곱한 값에 소화약제계수(N)를 곱하여 결정한다. 그리고 약제할증계수(h) 또한 동일하게 고압식은 1.4, 저압식은 1.1을 적용한다.

$$Q(kg) = V(m^3) \cdot K(kg/m^3) \cdot h \cdot N \qquad \text{(식 4-40)}$$

(단, h는 1.4 또는 1.1)

여기서 체적인자(K)는 국가화재안전기준의 경우와 마찬가지로 방호공간의 벽면적(A)과 방호대상물 주위 벽면적(a)에 의해 다음과 같이 표현된다.

$$K = 8 - 6\frac{a(m^2)}{A(m^2)} \quad (식\ 4\text{-}41)$$

방호공간의 벽면적(A)은 앞에서 설명한 바와 같이(4-4-6-5 참조) 동일하며 천정과 바닥을 제외한 방호공간의 네 개 벽면적을 합한 값이다. 또한 방호대상물 주위 벽면적(a)은 방호대상물로부터 0.6 m 이내 위치한 벽면들 중 바닥과 천정을 제외한 네 면의 표면적을 합한 값이다. 방호공간의 벽면적(A)은 벽면의 실체와 무관하게 가상적으로 정한 수치이나 방호대상물 주위 벽면적(a)은 벽면이 실제로 존재하지 않을 경우 0으로 계산한다.

4-4-7-4 이동식(위험물안전관리법)

국가화재안전기준에서의 호스릴방식은 위험물안전관리법의 경우 이동식설비라고 한다. 이동식 이산화탄소 소화설비에 필요한 소화약제의 저장량(Q) 산정방법은 국가화재안전기준의 경우와 완전히 동일하다. 즉, 노즐의 개수(N)에 노즐당 약제량(K)을 곱하여 결정한다. 이동식에서 노즐당 소화약제의 저장량은 90 kg 이상이며, 노즐을 통한 분당 방사량이 90 kg이므로 소화약제 방사시간은 1분 이상이어야 한다.

$$Q(kg) = N(개) \cdot K(kg/개) = N(개) \cdot 90(kg/개) \quad (식\ 4\text{-}42)$$

예제 4-13 위험물 저장시설 내 에틸알코올(ethylalcohol)이 담겨져 있는 방호대상물의 소화를 위해 설치된 이동식 CO_2설비에는 3개의 분사노즐(nozzle)이 있다. 이산화탄소 소화설비에 필요한 약제 저장용 45 kg 표준용기는 몇 개인가?

풀이 먼저 (식 4-42)를 이용하여 저장량을 구한다.

Q(kg) = 노즐개수(N, 개) · 90(kg/개)

= 3개 × 90 kg/개
= 270 kg

그러므로 45 kg 표준저장용기의 필요한 개수를 구하면

저장용기개수 = 270 kg ÷ 45 kg/개
= 6개

정답 6개

4-5 할론소화약제

4-5-1 할론소화약제의 성분과 명칭

할론소화약제는 할로겐화탄화수소(halogenated hydrocarbon)가 주성분이고, 실온 상압 하에서 기체 상태인 소화약제를 말한다.

할로겐 원소는 플루오르(fluorine, F), 염소(chlorine, Cl), 브롬(bromine, Br), 요오드(iodine, I), 아스타틴(astatine, At)의 다섯 종류이나 아스타틴은 지각 내 매우 희귀하고 불안정한 방사성 동위원소이어서 쉽게 분해되므로 실제로는 인간이 이용할 수 없는 원소이다. 따라서 나머지 네 종류의 원소들이 탄화수소와 결합한 화합물이 할로겐화탄화수소이다.

할로겐화탄화수소가 소화약제로 사용되는 이유는 할로겐원소의 부촉매소화작용(화학소화작용, 억제소화작용) 때문이다.

따라서 할론소화약제는 표면화재로 진행되는 B급과 C급 화재에 유용하며, 약제 사용량이 적어 이산화탄소 소화약제에 비해 질식 위험성도 낮다는 장점이 있다. 또한 할론소화약제는 대부분 전기전도성이 없고 냉각소화작용도 크지 않아 C급

화재에서 이차적인 수손피해를 나타내지 않는다. 그러나 할론소화약제는 훈소화재(smoldering fire)와 같은 심부화재의 경우 부촉매소화작용이 효과적이지 않아 소화효율이 낮고, 가격이 이산화탄소에 비해 상대적으로 높으며, 환경오염성이 있다는 것이 단점이다.

할로겐화탄화수소 화합물의 부촉매소화작용은 일반적으로 할로겐원소들이 화합물로부터 분리되는 정도에 비례한다. 따라서 할로겐화탄화수소 내 할로겐원소의 결합력이 F > Cl > Br > I이므로 부촉매소화작용만을 비교한다면 요오드화탄화수소의 소화작용이 가장 크고 그 다음이 브롬화탄화수소라 할 수 있다. 그러나 할로겐화합물소화약제는 소화작용 뿐만 아니라 화합물 생성의 용이성과 비용, 분해 생성물의 독성과 환경유해성 등을 고려해야 한다. 이런 이유들로 인해 지금까지 다양한 소화약제들이 개발되었으나 현재 국내의 경우 국가화재안전기준에 규정된 할로겐화합물소화약제는 세 종류뿐이며[33] 이마저도 한시적으로 그 사용이 제한되어 있다.

할로겐화탄화수소의 대표적 형태는 염화플루오린화탄소(chlorofluorocarbon, CFC)이며 프레온(freon)이라는 대표적 상품명으로도 불린다.

할론소화약제의 명칭은 CFC식(프레온식)과 할론식의 두 종류가 있다.

CFC식 명칭은 CFC(혹은 freon) 다음의 세 자리 숫자를 통해 물질을 구분한다.

첫 번째 자리 숫자는 화합물 내 탄소원자(C)의 개수에서 1을 뺀 수치이며 실제 탄소의 개수가 한 개일 경우 0을 표기하거나 생략할 수 있다. 두 번째 숫자는 화합물 내 수소원자(C)의 개수에 1을 더한 수치이며, 세 번째 숫자는 플루오르 원자(불소, F)의 실제 개수이다.

33) 할론소화설비의 화재안전기준(NFSC 107) 제5조(2018년 11월)

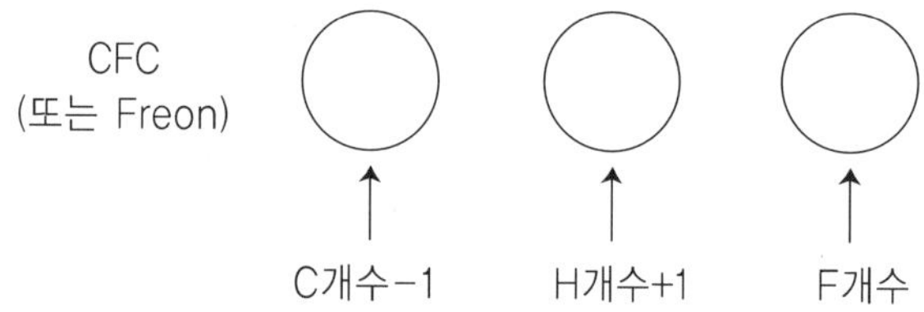

그림 4-7 CFC식 명명법

예로서 화학식이 $CFCl_3$인 소화약제의 경우에는 그 명칭이 CFC 011 (혹은 CFC 11)이 된다. 여기서 3개의 염소 원자를 명칭에 표시하지 못한다는 우려는 불필요하다. 왜냐하면 할로겐족(halogen group) 원소의 서열은 족(group) 내의 원자번호와 크기에 의해 작은 쪽에서부터 플루오르(F), 염소(Cl), 브롬(Br), 요오드(I)의 순서로 고정되어 있기 때문이다. 이 순서는 탄소 원자가 공유결합하는 원자 개수가 네 개라는 사실과 함께 할로겐화합물소화약제의 명칭을 결정하는데 매우 중요하다.

이에 관한 이해를 위해 CFC 011의 명칭을 통해 화학식을 거꾸로 결정해보자. CFC식 명칭의 세 자리 숫자가 각각 0, 1, 1이므로 할로겐화합물을 구성하고 있는 원자는 탄소가 1개, 수소는 없으며 플루오르가 1개이다. 즉, 탄소 원자에 플루오르(F) 원자 한 개만 결합되어 있으므로 탄소 원자에 결합할 수 있는 자리가 세 군데 남아있다. 실제로 이 세 자리에 결합되어 있는 원자는 무엇인가? 여기서 할로겐족 원소들의 순서를 기억해야 하며, 플루오르 다음은 염소(Cl)원자임을 생각해야 한다. 즉, 아무런 추가 표식이 없으므로 남은 세 자리는 당연히 염소 원자가 결합되어 있음을 의미한다. 따라서 CFC 011의 화학식은 $CFCl_3$이다.

만약 염소가 아닌 다른 할로겐 원소가 결합되었다면 정상적인 순서에서 어긋나므로 세 자리 숫자 다음에 이를 구체적으로 표기해주어야 한다. 예로서 염소가 아니고 브롬이 세 개 결합되었다면 CFC식 명칭은 CFC 011B3가 되어야 한다.

여기서 B3는 Br(브롬)이 3개 결합되었음을 표기한 것이다.

CFC식 명칭은 할로겐화합물소화약제의 이름에 주로 적용된다.

할론(Halon)식 명칭은 CFC식과는 달리 네 자리 숫자로 나타낸다.

할론(Halon) 다음의 첫 번째 자리는 탄소 원자(C)의 개수를 의미하며 두 번째 숫자는 플루오르 원자의 개수이다. 세 번째 숫자와 네 번째 숫자는 각각 염소 원자(Cl)와 브롬 원자(Br)의 개수이며 해당 원자가 없을 경우에는 0으로 표기하고 맨 마지막 숫자가 0이면 생략할 수 있다. 만약 화합물 내 요오드 원자(I)가 있을 경우에는 네 개의 숫자 뒤에 이를 표기한다(ex. 요오드가 2개 있으면 I2).

할론식 명칭은 할론소화약제에 공식적으로 사용되는 약제명이다. 예로서 할로겐화합물의 화학식이 CF_2ClBr이라면 할론식 명칭은 할론 1211이 된다. 따라서 할론 1301이라는 소화약제의 화학식은 CF_3Br이다.

만약 할론 2402라는 할론소화약제를 CFC식 명칭으로 바꾸면 어떻게 될 것인가?

먼저 화학식을 구하면 이 물질은 $C_2F_4Br_2$임을 알 수 있다. 그러므로 이 소화약제의 CFC식 명칭은 CFC 114B2가 된다.

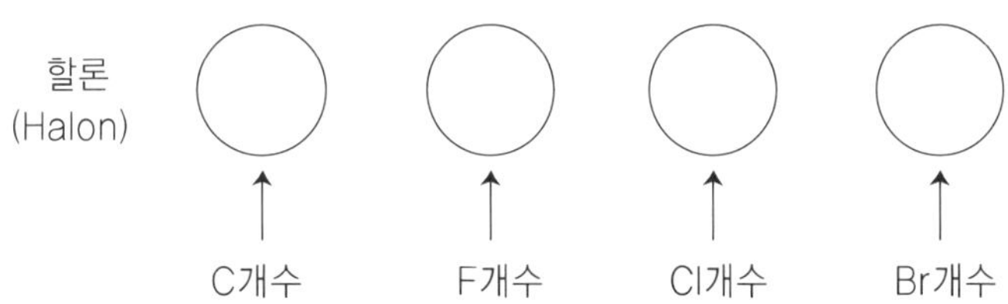

그림 4-8 할론식 명명법

예제 4-14 다음의 할로겐화합물소화약제의 명칭은 화학식으로, 화학식은 CFC식 명칭으로 나타내시오.

a) CFC 124　　b) CFC 22　　c) CF_3CHCl_2

풀이 a) CFC 124의 경우

CFC식 명칭에서 탄소(C) 원자가 2개, 수소(H) 원자가 1개, 플루오르(F) 원자가 4개 있음을 알 수 있다. 그런데 두 개의 탄소 원자가 서로 간 결합을 형성해야 하므로 탄소 원자와 탄소 원자 사이의 결합을 제외하면 두 개의 탄소 원자에 남아 있는 결합의 자리는 모두 6개이다. 그러나 결합에 참여할 수 있는 원자는 수소 원자 1개와 플루오르 원자 4개로서 모두 5개뿐이다. 따라서 한 개의 할로겐 원자가 더 결합되어 있어야 하는데, 추가적인 표기가 없으므로 염소 원자가 한 개 결합되어 있음을 알 수 있다. 그러므로 화학식은 C_2HF_4Cl이다.

b) CFC 22의 경우

CFC식 명칭에서 첫 번째 숫자의 표기가 생략되었으므로 할로겐화합물 내 탄소 원자의 개수는 1개이다. 그리고 수소 원자의 개수는 1개, 플루오르 원자의 개수는 2개이다. 따라서 한 개의 탄소 원자에 결합할 수 있는 4개의 자리 중 한 자리가 남는다. 추가적인 표기가 없으므로 할로겐족 원소의 순서에 따라 염소 원자 한 개가 결합되어 있음을 알 수 있다. 그러므로 화학식은 CHF_2Cl이다.

c) CF_3CHCl_2의 경우

할로겐화합물의 구성 원자가 탄소 2개, 플루오르 3개, 수소 1개, 염소 2개이다. 그러므로 CFC식 명칭은 CFC 123이 되고, 두 개의 염소(Cl)원자는 할로겐족 원소에서 플루오르 다음의 정상적인 순서이므로 추가적인 표기를 하지 않는다.

정답 a) C_2HF_4Cl b) CHF_2Cl c) CFC 123

4-5-2 할론소화약제의 종류

할론소화약제는 우수한 소화능으로 인해 많은 물질들이 개발되었으나 물질 자체의 독성이나 소화과정에서 발생되는 열분해가스의 인체 독성으로 인해 대부분 사용이 금지되었다. 또한 할로겐화합물 특유의 성층권 오존층 파괴와 지구온실효과 유발 등의 환경적 문제점으로 인해 남아있는 소화약제들도 국내의 경우 세 종류뿐이며 그 사용이 2040년까지 한시적으로 제한되어 있다('소화약제의 형식승인 및 제품검사의 기술기준'에는 두 종류만 명시).

현재는 기존 할론소화약제의 환경오염성을 최소화한 새로운 할로겐화합물소화약제가 개발되고 있으며, 제한된 종류이지만 국내에서도 이런 물질들에 대한 소화약제로서의 사용이 허용되고 있다.

이와 관련하여 국내의 경우 현재 할로겐원소가 포함된 소화약제의 용어적 개념에 대해 두 가지 분류관점이 있다. 즉, 환경오염성으로 인해 소화약제로서 한시적 사용만이 허용된 세 종류의 할론소화약제[34]와 환경오염이 매우 낮은 할로겐화합물소화약제로 분리한 국가화재안전기준(NFSC) 관점과 환경오염을 야기하는 기존의 할로겐화합물 뿐만 아니라, 새로 개발되어 환경오염이 거의 없는 할로겐화합물을 포함하는 모두를 할로겐화합물소화약제로 분류하는 '소화약제의 형식승인 및 제품검사의 기술기준'의[35] 관점인 두 가지이다. 국가화재안전기준에서는 새로 개발된 할로겐화합물소화약제를 할론소화약제와 분리된 기준[36]으로 규정하고 있다.

본서에서는 용어의 구분을 쉽게 하기 위해 국가화재안전기준의 관점에서 서술하고자 한다. 현재 국내의 경우 할론소화약제로 한시적이지만 사용이 가능한 물질은 할론 1301, 할론 1211, 할론 2402의 세 종류이다('소화약제의 형식승인 및 제품검사의 기술기준'에는 할론 2402 제외[37]).

제4장

34) 할론소화설비의 화재안전기준(NFSC 107) 제5조(2018년 11월)

35) 소화약제의 형식승인 및 제품검사의 기술기준 제8조(2017년 7월)

36) 할로겐화합물 및 불활성기체소화설비의 화재안전기준(NFSC 107A) 제4조(2018년 11월)

37) 소화약제의 형식승인 및 제품검사의 기술기준 제8조(2017년 7월)

4-5-2-1 할론 1301

할론 1301은 화재의 종류에 따라 소화농도가 2.9 ~ 3.9 vol.%로서 할론소화약제들 중 소화성능이 가장 우수하고 소화기와 소화설비에 널리 이용되는 대표적인 소화약제이다. 주성분은 99.6 mol% 이상의 Bromo trifluoro methane(CF_3Br, 브로모트리플루오로메탄)이며 상온에서의 증기압이 1.4 MPa(=14 kg/cm^2, 약 14기압)이다. 할론 1301의 최저설계농도는 6 vol.%이며 NOAEL(무독성량, 부작용 무관측 최대농도)은 5 vol.%이다.

할론 1301은 비점이 대기압 하에서 −57.8°C이며 임계온도(critical temperature)와 임계압력은 각각 67°C와 3.9 MPa이다. 따라서 상온에서는 기체 상태이며 소화설비의 경우 가압하여 액체 상태로 저장한다. 소화기에서는 자체의 압력으로 분사가 가능하나 소화설비에서는 저장용기에 저장하는 축압식으로 운용되며, 질소 기체를 저장용기 내 가압물질로 넣어주어 온도변화에 따라 증기압의 변화가 심한 할론 1301의 방사압력을 일정하게 유지시킨다.

할론 1301은 액체상태의 비중이 1.6 정도로 물보다 무거우며, 기체의 비중 역시 공기보다 약 5.2배 무겁다. 또한 비점에서의 증발열이 26.5 cal/g로서 물에 비해 5% 정도이므로 냉각소화작용은 크지 않다. 또한 할론 1301은 오존과의 반응성이 커 할론소화약제들 중 오존파괴지수(ODP)가 12.5로 가장 높다.

할론 1301은 분자 자체의 인체 독성은 높지 않으나 열에 의해 분해된 열분해물질인 HF(Hydrogenfluoride, 플루오르화수소)와 HBr(Hydrogenbromide, 브롬화수소)의 인체 독성이 있으므로 열분해 기체의 생성을 최소화하기 위해 사람이 거주하는 곳에 대한 방사는 10초 이내로 하여야 한다.[38] (위험물안전관리법 세부기준은 30초 이내)

38) 할론소화설비의 화재안전기준(NFSC 107) 제10조 ①항의 4(2018년 11월)

4-5-2-2 할론 1211

할론 1211은 ABC급 소화기에 모두 사용 가능한 유일의 할론소화약제이며, 주성분은 브로모클로로디플루오로메탄(Bromo chloro difluoro methane, CF_2ClBr)이다.

할론 1211이 일반화재인 A급 화재에도 적응성을 가지는 이유는 할론 1301에 비해 상대적으로 큰 냉각소화작용 때문이다. 일반화재는 종이와 목재 등의 연소과정에서 부분적으로 무염연소인 훈소 형태의 심부화재가 진행될 수 있다. 따라서 부촉매소화작용은 효과적이지 못하며, 연소 환경과 가연물의 온도를 떨어뜨리는 냉각소화작용이 유효하다. 이와 관련된 사항으로서 할론 1211은 대기압 하 비점인 −3.4°C에서의 증발열이 32 cal/g이므로 할론 1301보다 상대적으로 더 크다. 물질의 비중 역시 액체와 기체의 경우 각각 물보다 1.83배, 공기보다 5.7배 무거우며 할론 1301보다 약간씩 더 크다.

할론 1211은 임계온도와 임계압력이 각각 153.8°C와 4.18 MPa이며 비점이 할론 1301에 비해 50도 이상 높은 점은 액화가 상대적으로 용이함을 나타낸다. 또한 상온에서의 증기압이 0.25 MPa(=2.5 kg/m^2) 정도이어서 소화설비에 이용될 경우 질소 가스를 이용한 축압식으로 저장된다.

할론 1211의 가장 큰 장점은 할론소화약제들 중 오존파괴지수(ODP)가 가장 낮다는 점이다. 그러나 할론 1301보다 인체에 대한 독성이 더 강해 지하층, 무창층, 바닥면적이 20 m^2 미만의 밀폐실에서의 사용이 제한된다.[39] 할론 1211의 방사시간은 할론 1301과 동일하게 10초 이내이다.

39) 할론소화설비의 화재안전기준(NFSC 107) 제4조 2항(2018년 11월)

4-5-2-3 할론 2402

할론 2402는 주성분이 $C_2F_4Br_2$이며 분자 자체의 독성 뿐만 아니라 열분해 기체의 독성도 강하고 할론소화약제들 중 인체 독성이 가장 강하여 '소화약제의 형식승인 및 제품검사의 기술기준'에서는 소화약제로 인정하지 않는다.

할론 2402는 대기압 하 비점이 47.5°C이고 상온에서의 증기압도 0.048 MPa (=0.48 kg/m^2)이어서 상온에서 액체 상태이므로 저장 시 할론소화약제들 중 유일하게 가압식이 적용된다. 가압식 저장법은 상온에서 액체 상태인 소화약제의 방사를 위해 약제저장용기 외부에 별도의 가압용 질소용기를 연결해두는 방식이다.

할론 2402의 증발열은 정상 비점에서 25 cal/g 정도이므로 할론소화약제들 중 가장 작고 냉각소화작용도 상대적으로 가장 약하다.

할론소화약제는 모두 공기보다 무거워 방사 후 지면으로 침강하는데 그 중에서도 할론 2402는 가장 무겁다(공기 비중의 9배). 할론 2402의 액체 비중은 상온에서 2.2 정도이다.

4-5-3 할론소화약제의 소화작용

할론소화약제들의 소화작용은 부촉매소화작용이 대표적이며, 방사량과 방사시간이 이산화탄소 소화약제에 비해 작으므로 냉각소화작용과 질식소화작용은 크지 않다. 할론소화약제는 화합물 내 할로겐 원소들이 연소반응의 연쇄반응 중간체인 수소라디칼(•H)과 수산화라디칼(•OH)을 제거함으로써 연쇄반응의 반응기구(reaction mechanism)를 가진 표면화재에 강한 소화작용을 나타낸다.

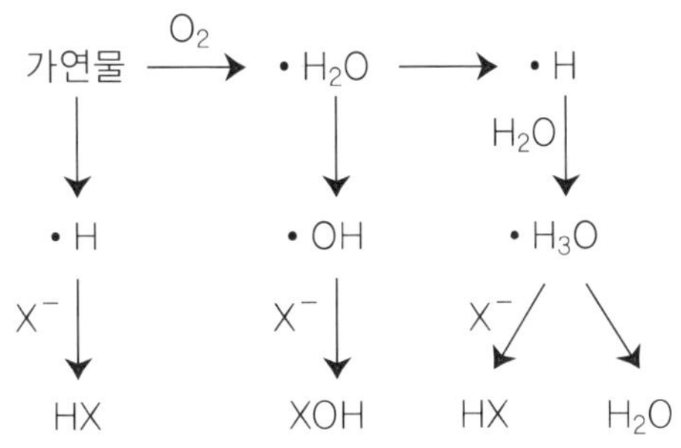

X ; 할로겐족 원소(F, Cl, Br, I)

그림 4-9 할론소화약제의 부촉매소화작용

할론소화약제가 가지는 냉각소화작용은 종류에 따른 차이는 있으나 전체적으로 그 효과가 크지 않다. 특히 냉각소화작용은 완전소화에 도달하는 데 필요한 소화약제의 농도가 유지되는 시간, 즉 '소우킹타임'(젖음시간, soaking time)이 길수록 효과적이지만 할론소화약제의 방사시간은 10초 정도이고 소화약제들의 증발열량도 물에 비해 크게 작아 냉각소화작용이 효과적으로 나타나기 어렵다.

할론소화약제의 질식소화작용은 이산화탄소 소화설비의 경우와는 달리 방사량이 매우 작아 실질적인 효과는 나타나기 어렵다. 예로서 할론소화약제의 소화농도 산정 시 적용되는 최소설계농도가 할론 1301의 경우 방호구역의 부피에 대해 5% 정도이어서 소화약제 방사를 통해 실질적으로 낮아지는 방호구역 내 산소농도는 1% 정도일 뿐이다(21%에서 20%로).

4-5-4 할론소화약제의 저장

할론소화약제는 소화기용으로 사용될 경우(할론 1301 및 할론 1211) 약제 자체의 증기압에 의해 분사가 이루어지나 소화설비의 경우에는 추가적인 압력의 제공을 위해 질소 기체가 사용된다.

할론소화설비의 소화약제 저장방식은 축압식과 가압식이 있다.

축압식이든지 가압식이든지 압력제공물질로서 질소를 사용하는데, 질소는 가격이 저렴한 불연성 물질로서 임계온도가 매우 낮아(−147°C) 상온에서 고압의 기체 상태를 유지하기 용이하고 화학적 안정성이 커 소화약제들과 화학적으로 반응하지 않기 때문이다.

축압식은 가압 액화된 소화약제 저장용기 내부에 고압의 질소기체를 함께 넣어 약제 방사 시 일정한 방사 압력을 유지하는 방식이다. 질소는 임계온도가 할론소화약제에 비해 매우 낮아 상온에서 소화약제들의 저장압력을 약제 자체가 가지는 순수 증기압에 비해 3배 정도 높여 준다.

할론 1301과 할론 1211은 온도에 따른 자체 증기압의 차이가 커 저장 용기 내 압력변화가 심하다. 따라서 이를 보완하여 낮은 온도에서도 일정한 방사압력을 유지하기 위해 질소 기체를 저장 용기 내부에 충전시킨 것이 축압식이다.

축압식 저장용기의 압력은 온도 20°C에서 할론 1301은 2.5 ~ 4.2 MPa, 할론 1211은 1.1 ~ 2.5 MPa이 되도록 질소가스로 축압되어야 한다.[40)]

가압식은 할론 2402 소화설비에 적용되는 방식으로서 소화약제 저장 용기 외부에 별도의 질소탱크를 부착하여 약제 방사 시 연결된 가압용 질소에 의해 분사되는 형태이다. 특히 할론 2402는 상온에서 액체 상태이므로 자체의 증기압으로는 방사가 불가능하므로 외부의 압력원인 질소 기체를 통해 약제 방출이 이루어진다. 외부 가압탱크 내 질소의 압력은 15 MPa 정도이지만 약제 방사 시에는 압력조절장치를 통해 2 MPa 이하의 압력으로 할론 2402 액체를 저장용기로부터 분출시킨다.

가압용 가스용기는 질소가스가 충전된 것으로 하고, 그 압력은 21°C에서 2.5 ~ 4.5 MPa이 되도록 하여야 한다.[41)]

---

40) 할론소화설비의 화재안전기준(NFSC 107) 제4조 ②항 1호(2018년 11월)

할론소화설비의 분사헤드 방사압력은 소화약제의 종류에 따라 차이가 있으며, 할론 1301은 0.9 MPa 이상, 할론 1211은 0.2 MPa 이상, 할론 2402는 0.1 MPa 이상이다.

4-5-5 할론소화약제의 설계농도

할론소화설비로부터 방호구역으로 방사되는 소화약제의 양적인 비율이 설계농도(design concentration)이다. 즉, 설계농도는 방호구역 전체 체적에 대한 소화약제 기체의 부피 비율을 의미한다.

할론소화약제의 설계농도는 완전소화에 필요한 최소설계농도(minimum design concentration)와 약제의 인체 독성을 고려한 상한계 농도 개념의 최고설계농도(maximum design concentration)의 두 종류가 있다는 점이 이산화탄소 소화약제와는 다른 점이다. 국가화재안전기준에는 전역방출방식의 경우 할론소화설비의 소화약제 방사량을 최소저장량만을 명시한 이산화탄소소화설비와는 달리 최소 몇 kg 이상 최고 몇 kg 이하로 명시하고 있다.[42] 예로서 할론 1301은 일반 표면화재일 경우 방호구역 1 m^3당 소화약제의 양이 0.32 kg 이상 0.64 kg 이하로 명시되어 있다. 이것은 0.32 kg이 최소설계농도에 해당되는 약제량이며, 0.64 kg은 최고설계농도를 의미하는 약제량이다. 이를 부피로 환산할 경우 단위체적당 약제 부피의 비율, 즉 설계농도는 각각 5%와 10%이므로 최소설계농도가 5%이며 최고설계농도는 10%가 된다.

할론소화약제의 농도 계산 시 약제량의 부피는 무유출(no efflux)을 배경으로 하며, 방호구역 내부로 방사된 약제량은 방호구역 내 기존의 기체와 함께 외부로의 유출이 전혀 없다는 가정을 기초로 한다. 따라서 설계농도는 약제량의 부피를

41) 할론소화설비의 화재안전기준(NFSC 107) 제4조 ③항(2018년 11월)

42) 할론소화설비의 화재안전기준(NFSC 107) 제5조(2018년 11월)

약제량 부피와 방호구역 부피의 합으로 나눈 값이다. 실제로 할론소화약제의 방사량은 이산화탄소의 경우에 비해 매우 적으며, 약제의 종류에 따른 차이가 있으나 최소설계농도를 비교하면 1/2 ~ 1/3 정도이다.

4-5-6 할론소화약제의 저장량(NFSC)

할론소화설비의 소화약제 저장량 산정은 이산화탄소의 경우와 같이 두 가지 국내 규정이 있다. 한 가지는 국가화재안전기준(NFSC 107)이며 다른 한 가지는 위험물 제조 및 보관 시설에 적용되는 위험물안전관리법[43]이다. 국내 법규에서 규정한 약제량 산정을 약제방출방식과 화재의 종류에 따라 이해하기 쉽게 정리하면 각각 전역방출방식, 국소방출방식(평면화재), 국소방출방식(입체화재), 호스릴방식의 4가지 경우[44]로 표현할 수 있다.

소화약제 분사방식과 무관하게 국가화재안전기준에는 다음의 방법들로 산정한 기준저장량의 소화약제를 10초 이내에 방사하도록 규정하고 있다.

4-5-6-1 전역방출방식(NFSC)

전역방출방식의 할론소화설비에서의 소화약제 저장량(Q)은 이산화탄소의 경우와 산정방법은 동일하나 체적인자(K_1)와 개방인자(K_2)가 소화약제의 종류에 따라 달라지는 점이 차이이다.

$$Q = V(m^3) \cdot K_1(kg/m^3) + A(m^2) \cdot K_2(kg/m^2) \qquad \text{(식 4-43)}$$

43) 위험물안전관리법 세부기준 제135조

44) 남상욱, 『소방시설의 설계 및 시공』, 성안당(파주), 개정5판, pp.790 ~ 799(2012년).

표 4-10 전역방출방식 할론소화설비에서의 체적인자(K_1)

소방대상물 또는 그 부분		소화약제	방호구역 단위체적당 약제량(K_1)
차고·주차장·전기실·통신기기실 전산실 기타 이와 유사한 전기설비		할론 1301	0.32 kg 이상 0.64 kg 이하
소방기본법 시행령 별표 2 특수가연물	가연성고체류 가연성액체류	할론 1301 할론 1211 할론 2402	0.32 kg 이상 0.64 kg 이하 0.36 kg 이상 0.71 kg 이하 0.40 kg 이상 1.1 kg 이하
	면화류·나무껍질 및 대팻밥·넝마 및 종이부스러기·사류·볏짚류·목재가공품 및 나무부스러기	할론 1301 할론 1211	0.52 kg 이상 0.64 kg 이하 0.60 kg 이상 0.71 kg 이하
	합성수지류	할론 1301 할론 1211	0.32 kg 이상 0.64 kg 이하 0.36 kg 이상 0.71 kg 이하

이 식에서 방호구역의 체적(V)은 방호구역 전체 체적에서 방호구역 내 불연재료나 내열성의 재료로 밀폐된 구조물의 체적을 제외한 체적이다. 체적인자(K_1)는 방호구역 1 m^3당 필요한 소화약제의 무게(kg)를 가리키며 소화약제의 종류와 방호대상물에 따라 달라진다. 개방인자(K_2)는 자동개폐장치가 없는 개구부의 단위면적(m^2)당 추가되어야 할 소화약제량(kg)을 의미한다.

표 4-11 전역방출방식 할론소화설비에서의 개방인자(K_2)

소방대상물 또는 그 부분		소화약제	개구부 단위면적당 가산약제량(K_1)
차고·주차장·전기실·통신기기실 전산실 기타 이와 유사한 전기설비		할론 1301	2.4 kg
소방기본법 시행령 별표 2 특수가연물	가연성고체류 가연성액체류	할론 1301 할론 1211 할론 2402	2.4 kg 2.7 kg 3.0 kg
	면화류·나무껍질 및 대팻밥·넝마 및 종이부스러기·사류·볏짚류·목재가공품 및 나무부스러기	할론 1301 할론 1211	3.9 kg 4.5 kg
	합성수지류	할론 1301 할론 1211	2.4 kg 2.7 kg

예제 4-15 자동개폐장치가 없는 창문의 가로와 세로의 크기가 각각 1 m와 3 m인 서적이 보관된 창고는 가로와 세로와 높이가 각각 5 m, 3 m, 2 m이다. 소화를 위해 전역방출방식의 할로겐화합물 소화설비에서 저장되어야할 할론 1301의 범위는 몇 kg인가?

풀이 방호구역 내 불연성 물체가 없으므로 방호구역의 체적(V)은 30 m^3이며, 개구부의 면적(A)은 3 m^2이다. (식 4-43)를 이용하기 위한 체적인자(K_1)와 개방인자(K_2)는 〈표 4-10〉과 〈표 4-11〉에서 각각 0.52 kg이상 0.64 kg이하, 3.9 kg을 찾을 수 있다. 최저량과 최고량을 각각 계산하면

$$
\begin{aligned}
\text{최저량}(Q) &= V(m^3)\cdot K_1(kg/m^3) + A(m^2)\cdot K_2(kg/m^2)\\
&= 30(m^3)\cdot 0.52(kg/m^3) + 3(m^2)\cdot 3.9(kg/m^2)\\
&= 27.3\ kg
\end{aligned}
$$

$$
\begin{aligned}
\text{최고량}(Q) &= V(m^3)\cdot K_1(kg/m^3) + A(m^2)\cdot K_2(kg/m^2)\\
&= 30(m^3)\cdot 0.64(kg/m^3) + 3(m^2)\cdot 3.9(kg/m^2)\\
&= 30.9\ kg
\end{aligned}
$$

정답 27.3 kg 이상 30.9 kg 이하

4-5-6-2 국소방출방식 평면화재(NFSC)

국소방출방식에는 두 가지 형태의 화재가 대상이며 윗면이 개방된 용기에 저장하는 경우와 화재 시 연소면이 한 면에 한정되고 가연물이 비산할 우려가 없는 경우가 첫 번째 형태이며[45], 그 나머지 모든 경우가 두 번째 형태[46]이다. 국가화재안전기준에는 함축된 용어가 명시되지 않으나 편의상 첫 번째의 형태를 평면화

45) 할론소화설비의 화재안전기준(NFSC 107) 제5조 2항 가목(2018년 11월)
46) 할론소화설비의 화재안전기준(NFSC 107) 제5조 2항 나목(2018년 11월)

재라고 하고 두 번째를 입체화재 또는 입면화재라고 호칭하고자 한다.

국소방출방식의 할론소화약제의 저장량(Q, kg) 산정은 이산화탄소의 경우와 계산식의 형태가 유사하여 방호대상물의 표면적(S, m^2)과 방출인자(K, kg/m^2)와 약제할증계수(h)의 곱으로 결정된다.

$$Q(kg) = S(m^2) \cdot K(kg/m^2) \cdot h \qquad \text{(식 4-44)}$$

이 식에서 방출인자(K)는 국소방출방식 평면화재의 경우 할론소화약제의 종류에 따라 할론 1301, 할론 1211, 할론 2402의 각각에 대해 6.8 kg/m^2, 7.6 kg/m^2, 8.8 kg/m^2로 규정되어 있다.

표 4-12 할론소화설비 평면화재 방출인자(K)

소화약제의 종별	K(kg/m^2)
할론 1301	6.8
할론 1211	7.6
할론 2402	8.8

약제할증계수(h)는 약제의 종류에 따라 소화약제 방사 시 약제가 방호대상표면 주위로 비산되는 정도의 차이를 감안한 수치로서 이를 보정하기 위해 추가되어야 할 약제량 비율을 의미한다.

표 4-13 국소방출방식 할론소화약제의 할증계수(h)

할론 1301	할론 1211	할론 2402
1.25	1.10	1.10

예제 4-16 화재 시 연소면이 한 면이며 가연물의 비산이 없는 방호대상물의 표면적이 10 m^2이라면 국소방출방식으로 방사되는 할론 1301은 최소 몇 kg이 필요한가?

풀이 국소방출방식의 평면화재이므로 〈표 4-12〉와 〈표 4-13〉에서 방출인자(K)와 약제할증계수(h)를 찾은 후 (식 4-44)를 이용하여 계산한다.

$$Q(kg) = S(m^2) \cdot K(kg/m^2) \cdot h$$
$$= 10(m^2) \cdot 6.8(kg/m^2) \cdot 1.25$$
$$= 85\ kg$$

정답 85 kg

4-5-6-3 국소방출방식 입체화재 (NFSC)

방호구역 내 화재 연소면이 입면일 경우를 입체화재 또는 입면화재라고 한다면 입체화재는 방호대상물 자체가 소화대상이므로 약제저장량(Q)은 방호공간의 체적(V)에 비례하며, 방호공간의 체적(V)과 체적인자(K)와 약제할증계수(h)의 곱으로 결정된다.

$$Q(kg) = V(m^3) \cdot K(kg/m^3) \cdot h \qquad \text{(식 4-45)}$$

여기서 체적인자(K)는 방호공간의 단위체적당 필요한 최소 약제량을 의미하며 (식 4-46)에 의해 산정된다.

$$K = X - Y \cdot \frac{a}{A} \qquad \text{(식 4-46)}$$

(식 4-46)에서 방호공간의 표면적(A)은 방호대상물로부터 0.6 m 떨어진 가상

공간의 표면적을 합한 값으로서 바닥면과 천정면을 제외한 4개 면의 면적만을 더한 수치이다. 또한 방호대상물 주위 벽면적(a)은 방호대상물로부터 0.6 m 이내 공간 내 존재하는 실제적인 벽면의 표면적을 합한 값을 의미하며 천정면과 바닥면을 제외한 4개 벽면의 면적을 합한 값이다.

방출인자(K)의 계산에 필요한 X값과 Y값은 방출인자 결정계수로서 할론소화약제의 종류에 따라 〈표 4-14〉에 수록되어 있다.

표 4-14 할론소화약제의 국소방출방식 방출인자 결정계수

소화약제의 종별	X의 수치	Y의 수치
할론 1301	4.0	3.0
할론 1211	4.4	3.3
할론 2402	5.2	3.9

예제 4-17 가로, 세로, 높이가 각각 3 m, 5 m, 2 m인 방호공간 내 벽이 전혀 없으며 연소 형태는 입체화재이다. 국소방출방식으로 방사되는 할론 1211은 최소 몇 kg이 필요한가?

풀이 국소방출방식의 입체화재이므로 (식 4-45)를 이용해야 하며, 이를 위해 먼저 (식 4-46)에서 체적인자를 구하여야 한다. 여기서 방호대상물 주위 벽면적은 실제로 없으므로 그 값이 0이다. 따라서 방호공간의 벽면적(A)은 그 값이 무엇이든지 분수 형태에서 분자가 0이므로 분수 전체가 0이 된다. 따라서 체적인자(K)는 〈표 4-14〉에 의해 다음과 같이 계산된다.

$$\begin{aligned} K(kg/m^3) &= X - Y(a/A) \\ &= X - Y(0/A) \\ &= X - Y(0) \\ &= 4.4 - 3.3(0) \\ &= 4.4\ kg/m^3 \end{aligned}$$

할론 1211의 약제할증계수(h)를 〈표 4-13〉을 통해 찾아서 대입하면

$$Q(kg) = V(m^3) \cdot K(kg/m^3) \cdot h$$
$$= 67.7(m^3) \cdot 4.4(kg/m^3) \cdot (1.10)$$
$$= 327.7\ kg$$

정답 327.7 kg

4-5-6-4 호스릴방식(NFSC)

호스릴방식에서 할론소화설비에 필요한 소화약제량(Q)은 방사량의 개념이 아니라 노즐을 통한 약제 방사를 위해 소화설비에 저장되어야 할 약제저장량을 가리킨다. 따라서 방출인자(K)는 노즐 1개당 필요한 약제 저장량을 의미하며 약제의 종류에 따라 차이가 있다.

따라서 호스릴방식 할론소화설비에 필요한 약제저장량(Q)은 노즐의 개수(N)와 노즐당 약제량을 의미하는 방출인자(K)의 곱으로 결정된다.

Q(kg) = 노즐의 개수(N, 개) × 노즐당 약제 저장량(K, kg/개) (식 4-47)

표 4-15 호스릴방식 할론소화설비의 체적인자(K)와 방사량

소화약제의 종별	체적인자(K, kg/개)	방사량(kg/분)
할론 1301	45 이상	35 이상
할론 1211	50 이상	40 이상
할론 2402	50 이상	45 이상

호스릴방식 할론소화설비에서 방호대상물의 각 부분으로부터 하나의 호스접결구까지의 수평거리는 20 m 이하가 되도록 규정되어 있다.[47)]

4-5-7 할론소화약제의 저장량(위험물안전관리법)

할론소화설비에 적용되는 소화약제 방사량 및 저장량에 관한 규정은 국가화재안전기준(NFSC)과 함께 위험물질을 다루는 위험물제조소 등에 관한 소화약제설비규정으로서 위험물안전관리법이 있다. 위험물안전관리법에 제시된 할로겐화합물소화설비에서의 소화약제량 산정방법을 임의로 분류해보면 이산화탄소의 경우와 마찬가지로 전역방출방식, 국소방출방식(평면화재), 국소방출방식(입체화재), 이동식의 4가지로 정리할 수 있다.

4-5-7-1 전역방출방식(위험물안전관리법)

위험물안전관리법에서 할론소화설비의 약제량 계산 방법은 일반 방호대상물의 경우(식 4-43)와 동일하지만 전체적으로 소화약제계수(N)를 곱해주는 점과 함께 체적인자(K_1)와 개방인자(K_2)의 결정방법이 다르다.

즉, 할론소화설비의 약제방사량(Q)은 방호구역의 체적(V)과 자동개폐장치가 없는 개구부 면적(A)에 비례하여 결정된다.

$$Q(kg) = [\ V(m^3) \cdot K_1(kg/m^3) + A(m^2) \cdot K_2(kg/m^2)\ ] \times N \qquad (식\ 4\text{-}48)$$

체적인자(K_1)와 개방인자(K_2)는 할론소화약제의 종류에 따라 각기 다른 값을 규정하고 있으며, 소화약제계수(N)는 위험물질의 종류에 대한 고유한 수치이므로 모든 위험물질을 53종류로 분류하여 할론 1301과 할론 1211에 대한 적용치를 위험물안전관리법 세부기준 별표 2에 제시되어 있다.

47) 할론소화설비의 화재안전기준(NFSC 107) 제10조 ④항 1호(2018년 11월)

표 4-16 위험물안전관리법 전역방출방식 방출인자(K_1, K_2)

소화약제의 종별	체적인자(K_1, kg/m^3)	개방인자(k_2/ kg/m^3)
할론 1301	0.32	2.4
할론 1211	0.36	2.7
할론 2402	0.40	3.0

표 4-17 위험물질의 할론소화설비에 대한 소화약제계수(N)

소화약제 / 위험물의 종류	할로겐화물 1301	할로겐화물 1211	소화약제 / 위험물의 종류	할로겐화물 1301	할로겐화물 1211
1. 아크릴로니트릴	1.4	1.2	28. 디에틸아민	1.0	1.0
2. 아세트알데히드	1.1	1.1	29. 디에틸에테르	1.2	1.0
3. 아세트니트릴	1.0	1.0	30. 디옥산	1.8	1.6
4. 아세톤	1.0	1.0	31. 중유	1.0	1.0
5. 아닐린	1.1	1.1	32. 윤활유	1.0	1.0
6. 이소옥탄	1.0	1.0	33. 테트라히드로푸란	1.4	1.4
7. 이소프렌	1.2	1.0	34. 등유	1.0	1.0
8. 이소프로필아민	1.0	1.0	35. 트리에틸아민	1.0	1.0
9. 이소프로필에테르	1.0	1.0	36. 톨루엔	1.0	1.0
10. 이소헥산	1.0	1.0	37. 나프타	1.0	1.0
11. 이소헵탄	1.0	1.0	38. 채종유(菜種油)	1.1	1.1
12. 이소펜탄	1.0	1.0	39. 이황화탄소	4.2	1.0
13. 에탄올	1.0	1.2	40. 비닐에틸에테르	1.6	1.4
14. 에틸아민	1.0	1.0	41. 피리딘	1.1	1.1
15. 염화비닐	1.1	1.1	42. 부탄올	1.1	1.1
16. 옥탄	1.0	1.0	43. 프로판올	1.0	1.2

표 4-17 위험물질의 할론소화설비에 대한 소화약제계수(N)(계속)

위험물의 종류 \ 소화약제	할로겐화물		위험물의 종류 \ 소화약제	할로겐화물	
	1301	1211		1301	1211
17. 휘발유	1.0	1.0	44. 2-프로판올	1.0	1.0
18. 개미산에틸	1.0	1.0	45. 프로필아민	1.0	1.0
19. 개미산프로필	1.0	1.0	46. 핵산	1.0	1.0
20. 개미산메틸	1.4	1.4	47. 헵탄	1.0	1.0
21. 경유	1.0	1.0	48. 벤젠	1.0	1.0
22. 원유	1.0	1.0	49. 펜탄	1.0	1.0
23. 초산	1.1	1.1	50. 메탄올	2.2	2.4.
24. 초산에틸	1.0	1.0	51. 메틸에틸케톤	1.0	1.0
25. 초산메틸	1.0	1.0	52. 모노클로로벤젠	1.1	1.1
26. 산화프로필렌	2.0	1.8	53. 그 밖의 것	1.1	1.1
27. 시클로헥산	1.0	1.0			

* 위험물안전관리법 세부기준 별표 2

예제 4-18 디옥산(dioxane)이 담겨져 있는 위험물 저장시설의 체적이 30 m^3이며 자동 개폐장치가 없는 개구부의 면적이 3 m^2이다. 전역방출방식의 할로겐화합물 소화설비에 필요한 할론 1301의 저장량은 몇 kg 이상인가? (소수점 아래 첫째 자리까지만)

풀이 먼저 〈표 4-16〉과 〈표 4-17〉에서 체적인자(K_1), 개방인자(K_2), 소화약제계수(N)를 찾으면 그 값은 각각 0.32 kg/m^3, 2.4 kg/m^2, 1.8이다. 이 수치들과 함께 방호구역의 체적(V)과 개구부 면적(A)을 (식 4-48)에 대입하면

$$Q(kg) = [\ V(m^3) \cdot K_1(kg/m^3) + A(m^2) \cdot K_2(kg/m^2)\ ] \times N$$
$$= [\ 30(m^3) \cdot 0.32(kg/m^3) + 3(m^2) \cdot 2.4(kg/m^2)] \times 1.8$$
$$= 30.2\ kg$$

정답 30.2 kg

4-5-7-2 국소방출방식 평면화재(위험물안전관리법)

위험물안전관리법에서 규정하는 평면화재에 대한 국소방출방식의 소화약제량 산정 방법은 국가화재안전기준의 경우와 유사하며(식 4-44) 추가적으로 소화약제계수(N)를 더 곱해준다. 즉, 위험물질 보관시설의 평면화재에 대한 국소방출방식의 할론소화설비에 필요한 소화약제의 저장량(Q)은 방호대상물의 표면적(S)과 방출인자(K)와 약제할증계수(h)와 소화약제계수(N)를 모두 곱해주면 된다.

$$Q(kg) = [\, S(m^2) \cdot K(kg/m^2) \cdot h \,] \times N \qquad \text{(식 4-49)}$$

위험물질 보관시설의 평면화재에 대한 국소방출방식의 할론소화설비에 필요한 소화약제량 계산 시 필요한 방출인자(K)와 약제할증계수(h)는 국가화재안전기준의 국소방출방식의 평면화재 경우와 동일하므로 〈표 4-12〉와 〈표 4-13〉을 이용하여 찾는다. 또한 소화약제계수(N)는 위험물질에 대한 할론소화약제의 특성이 동일하므로 〈표 4-17〉에서 위험물질의 종류와 소화약제의 종류에 따라 찾을 수 있다.

예제 4-19 염화비닐이 들어있는 방호대상물의 표면적 합이 20 m^2이다. 평면화재를 대비한 할론 1301 국소방출방식 소화설비의 약제 저장량은 최소 몇 kg이 필요한가?

풀이 국소방출방식의 평면화재이므로 〈표 4-12〉와 〈표 4-13〉 및 〈표 4-17〉에서 방출인자(K)와 약제할증계수(h)와 소화약제계수(N)을 찾아 (식 4-49)에 대입한다.

$$\begin{aligned} Q(kg) &= [\, S(m^2) \cdot K(kg/m^2) \cdot h \,] \times N \\ &= [\, 20(m^2) \cdot 6.8(kg/m^2) \cdot 1.25 \,] \times 1.1 \\ &= 187\ kg \end{aligned}$$

정답 187 kg

4-5-7-3 국소방출방식 입체화재(위험물안전관리법)

위험물안전관리법에서 규정하는 국소방출방식의 입체화재에 필요한 소화약제 산정방법은 국가화재안전기준의 경우와 유사하여 방출인자(K)를 결정하는 산정식 (식 4-46)은 동일하나 (식 4-45)에 추가적으로 소화약제계수(N)를 더 곱해주어야 한다.

$$Q(kg) = [\, V(m^3) \cdot K(kg/m^3) \cdot h \,] \times N \qquad (식\ 4\text{-}50)$$

$$K = X - Y \frac{a}{A} \qquad (식\ 4\text{-}51)$$

즉, 위험물질 보관시설의 입체화재에 대한 국소방출방식의 할론소화설비에 필요한 소화약제의 저장량(Q)은 방호공간의 체적(V)과 방출인자(K)와 약제할증계수(h)와 소화약제계수(N)의 곱으로 결정된다.

다만 방출인자(K)를 구하는데 필요한 방호공간의 표면적(A)은 방호대상물로부터 0.6 m 떨어진 가상공간의 표면적을 합한 값이다. 또한 방호대상물 주위 벽면적(a)은 방호대상물로부터 0.6 m 이내 공간 내 존재하는 실제적인 벽면의 표면적을 합한 값을 의미한다. 또한 방출인자(K)의 계산에 필요한 X값과 Y값은 할론소화약제의 종류에 따른 특성치이므로 국가화재안전기준의 경우와 동일하여 〈표 4-14〉에 수록되어 있다.

4-5-7-4 이동식(위험물안전관리법)

국가화재안전기준에서의 호스릴방식은 위험물안전관리법의 경우 이동식설비이다. 이동식설비는 사람이 직접 호스를 이동시켜 화소에 대한 소화작업을 수행하는 방식이므로 약제 저장량(Q)은 노즐의 개수(N)에 비례한다. 한 개의 노즐에 대해 저장해야할 소화약제량은 할론소화약제의 종류에 따라 다르다. 이동식은 약제 저장량이 중요하며 약제 방사량과는 차이가 있다. 이동식 할론소화설비에 필요한 약제저장량(Q)은 노즐의 개수(N)와 노즐당 약제저장량을 의미하는 방출인자(K)의 곱으로 결정된다.

$$Q(kg) = \text{노즐의 개수}(N, \text{개}) \times \text{노즐당 약제 저장량}(K, kg/\text{개}) \quad (\text{식 } 4\text{-}52)$$

표 4-18 이동식 할론소화설비의 방출인자 (K)와 방사량

소화약제의 종별	방출인자(K, kg/개)	방사량(kg/분)
할론 1301	45 이상	35 이상
할론 1211	45 이상	40 이상
할론 2402	50 이상	45 이상

4-6 할로겐화합물 및 불활성기체소화약제

"할로겐화합물 및 불활성기체소화약제"(청정소화약제, clean agent for extinguishing)는 환경문제를 야기하지 않는 깨끗한 소화약제라는 어원적 의미를 가지고 있다. 우리나라도 가입되어 있는 몬트리올 의정서(Montreal Protocol)는 성층권 오존층 파괴를 막기 위해 할로겐화합물의 사용을 금지하거나 제한하고 있으며 대부분의 할론소화약제도 그 대상이다. 예로서 대표적 할론소화약제인 할론 1301도 국내의 경우 이미 2010년부터 과거 평균생산량의 15% 이내의 양만이 필수용도로 생산이 가능하게 제한을 받고 있다.

그러나 국내 관련 법규에서 청정소화약제라는 용어는 2018년 11월에 국가화재안전기준(NFSC 107A)의 개정을 통해 "할로겐화합물 및 불활성기체 소화설비"로 변경되었다. 또한 "소화약제의 형식승인 및 제품검사의 기술기준"에는 청정소화약

제라는 용어 자체를 사용하지 않았고, 해당되는 소화약제들을 할로겐화합물 소화약제와 불활성기체소화약제에 포함시켜 제품명과 성분만으로 구분하고 있다. 그러나 "국가화재안전기준(NFSC)"의 경우에만 독립된 소화약제 형태로 인정하여 이에 관한 종합적인 사항을 규정하고 있었다.

국가화재안전기준에 서술된 "할로겐화합물 및 불활성기체소화약제"의 정의는 다음과 같다.[48)]

1. "할로겐화합물 및 불활성기체소화약제"란 할로겐화합물(할론 1301, 할론 2402, 할론 1211 제외) 및 불활성기체로서 전기적으로 비전도성이며 휘발성이 있거나 증발 후 잔류물을 남기지 않는 소화약제를 말한다.
2. "할로겐화합물소화약제"란 불소, 염소, 브롬, 또는 요오드 중 하나 이상의 원소를 포함하고 있는 유기화합물을 기본성분으로 하는 소화약제를 말한다.
3. "불활성기체소화약제"란 헬륨, 네온, 아르곤, 또는 질소가스 중 하나 이상의 원소를 기본성분으로 하는 소화약제를 말한다.

"할로겐화합물 및 불활성기체소화약제"는 이 정의에서 언급한 바와 같이 성분적 분류로서 할로겐화합물 계열과 불활성기체 계열의 두 종류로 나눌 수 있다.

할로겐화합물소화약제는 일반적인 할론소화약제에 비해 소화약제로서의 그 물성이 개선된 것이라 할 수 있다. 개선점의 핵심은 성층권 오존파괴작용 및 지구온실효과 등과 같은 환경문제를 유발하지 않도록 하는 것이다. 아울러 할로겐화합물 유기분자가 가지는 일반적 특성으로서의 인체 독성까지 감소시키는 것을 의미한다. 그러므로 할로겐화합물소화약제는 오존파괴지수(ODP)와 지구온난화지수(GWP)가 일반적인 할론소화약제에 비해 현저히 작다.

48) 할로겐화합물 및 불활성기체소화설비의 화재안전기준(NFSC 107A) 제4조(2018년 11월)

개발 초기의 할로겐화합물소화약제는 환경문제 유발지수(ODP 및 GWP)는 낮으나 소화능력이 기존의 할로겐화합물 소화약제에 비해 현저히 낮았다. 그 이유는 할로겐족 원소들 중 소화성능적 특성으로는 요오드(I) > 브롬(Br) > 염소(Cl) > 플루오르(F)의 순서이나 가격과 화합물형성의 용이성 및 인체 유해성 등으로 인해 기존 할론소화약제 제조에 널리 이용되어 온 염소와 브롬 대신 상대적으로 오존파괴작용이 약한 플루오르가 사용되었기 때문이다.

그러나 최근 승인된 할로겐화합물소화약제는 환경문제 유발지수도 낮으며 소화성능도 일반적인 할론소화약제에 비해 크게 낮지 않는 것들이 개발되고 있으며 그 예로서 요오드 함유 제품 등이 있다. 또한 국내에서 승인된 할로겐화합물소화약제들 중 독특한 형태는 두 종류 이상의 할로겐화합물을 섞은(blending) 경우도 있다.

불활성기체소화약제는 말 그대로 불활성기체(noble gas)들이 주성분인 소화약제이다.

소화약제 성분으로서의 불활성기체는 헬륨(He), 네온(Ne), 아르곤(Ar)이 있으며, 크립톤(Kr)과 제논(Xe)과 라돈(Rn)은 포함되지 않는다.

그러나 여기에 비활성기체(inert gas)인 질소기체와 이산화탄소가 포함된다. 질소(N_2)는 화학반응성이 거의 없는 화학적 비활성(inactive) 물질일 뿐이며 불활성기체는 아니다. 그럼에도 불구하고 질소 기체는 순수 불활성기체인 아르곤과 함께 불활성기체소화약제의 주성분으로 규정되어 있다. 따라서 이 기체들은 독립적으로, 혹은 혼합되어 불활성기체소화약제 제품을 구성한다.

"할로겐화합물 및 불활성기체소화약제"의 가장 큰 특성은 환경문제를 유발하지 않는다는 점이며 기존의 할론소화약제에 비해 인체 유해성도 작다. 또한 제품의 종류에 따른 차이는 있으나 부촉매소화작용 뿐만 아니라 냉각소화작용도 나타내므로 BC급 화재와 함께 A급 화재에도 적응성을 가진다는 점이 장점이다. 할로겐화합물 계열이든 불활성기체 계열이든 모두 전기전도성과 화학반응성이 없어서 소화 후 약제에 의한 2차적인 피해가 거의 없다.

그러나 할론소화약제에 비해 소화능이 크지 않아 약제 사용량이 상대적으로 많다는 점은 단점이다.

4-6-1 할로겐화합물 및 불활성기체소화약제의 소화작용

할로겐화합물 및 불활성기체소화약제의 소화작용은 부촉매소화, 냉각소화, 질식소화의 세 가지이다.

소위 1세대 할로겐화합물소화약제라고 불리는 초기 할로겐화합물소화약제(FC계열, HCFC계열, HFC계열)은 오존파괴지수(ODP)를 낮추기 위해 염소 성분과 브롬 성분 대신 플루오르 성분을 많이 사용하거나 화합물 내 수소의 성분비를 높인 것들이다. 이런 이유로 인해 기존의 할론소화약제보다 부촉매소화작용은 매우 약해지고 냉각소화는 상대적으로 크게 나타나므로 주된 소화작용은 냉각소화이다. 또한 완전소화에 필요한 소화약제량의 증가로 인해 약간의 질식소화효과도 나타낸다.

이후 요오드 성분이 강화되어 소화능이 개선된 2세대 할로겐화합물소화약제(FIC계열)은 일반 할론소화약제에 비해 크게 뒤지지 않는 부촉매소화작용과 함께 냉각소화작용도 나타내고 있고, 주된 소화작용은 부촉매소화라고 할 수 있다.

할로겐화합물 및 불활성기체소화약제의 질식소화작용은 불활성기체소화약제와 초기 개발 할로겐화합물소화약제 제품들이 가지는 소화효과이다. 이것은 다량의 소화약제 기체의 방출을 통해 가연물 주위 산소농도를 한계산소농도(LOC) 이하로 떨어뜨리는 작용이다.

4-6-2 할로겐화합물 및 불활성기체소화약제의 명칭

"할로겐화합물 및 불활성기체소화약제"들에 대한 공식적인 명칭은 해당 약제의 조성 중 최소 99 mol.% 이상을 차지하는 주성분 물질의 학술명과 약제명의 두 가지가 있으나 약제명이 보편적으로 사용된다.

할로겐화합물소화약제의 약제명은 "-"로 연결된 두 부분으로 구성되며 분자 성분을 상징하는 앞부분 영어계열명과 실제 원자 개수를 나타내는 뒷부분 CFC식 숫자가 있다.

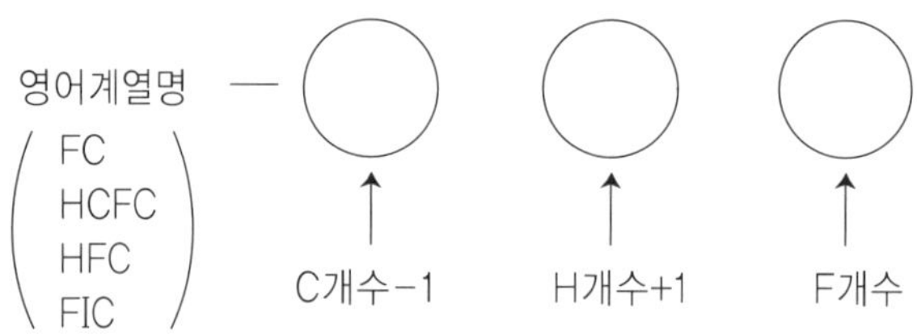

그림 4-10 할로겐화합물소화약제의 명칭

할로겐화합물소화약제는 주성분 분자의 구성 원소에 따라 네 개의 계열이 있다.

그 첫째는 FC계열로서 소화약제의 주성분 분자가 플루오르(F)와 탄소(C)로만 구성되어 있다. FC계열은 PFC계열이라고도 하는데 이는 탄소 원자가 완전히(per-퍼, P) 플루오르만으로 결합되어 있다는 표현에서 유래한다. 따라서 플루오르의 개수가 다른 약제들에 비해 많고 10개를 넘을 경우도 있어서 숫자부분의 자리는 숫자 사이를 "-"으로 구분하는 점이 특징이다.

둘째 계열은 HCFC계열로서 분자를 이루고 있는 원소의 종류가 수소(H), 염소(Cl), 플루오르(F), 탄소(C)이다.

셋째는 HFC계열이며 소화약제를 형성하고 있는 원소들이 수소(H), 플루오르

(F), 탄소(C)이다.

마지막으로 네 번째 계열은 소위 2세대 할로겐화합물소화약제라고 불리는 FIC 계열이다. FIC계열은 요오드화합물로서 그 구성원소가 플루오르(F)와 요오드(I)와 탄소(C)이다.

1세대 할로겐화합물소화약제라고 불리는 세 개 계열의 할로겐화합물 소화약제는 CFC(프레온)식 명칭에 따라 숫자 부분이 표현되며 왼쪽부터 순서대로 각각 탄소(C) 개수에서 1을 뺀 값, 수소(H) 개수에 1을 더한 값, 플루오르(F)의 개수를 의미하고, 첫 번째 숫자가 0인 경우는 생략하기도 한다.

그리고 할로겐화합물소화약제의 명칭 중 HFC-227ea와 같이 끝부분에 첨부된 “ea” 혹은 “fa” 등의 기호는 소화약제 분자의 입체적 구조를 구분하는 표시이다. 탄소 간 연결이 주축을 형성하는 유기화합물들은 분자식이 같아도 탄소에 결합되는 원소들의 위치에 따라 화학적 물성이 달라지는 입체이성체(stereo isomer)를 가지므로 분자의 대칭성을 통해 입체적 구조를 명확히 구분한다. 탄소의 개수가 2개 이상인 소화약제 분자구조가 비대칭적이어서 이런 대칭요소가 전혀 없으면 약제명에 추가적인 기호가 표기되지 않는다. 그러나 할로겐화합물소화약제 분자가 입체적 대칭성을 가지면 그 대칭요소를 구분하여 모두 약제명 끝에 표기한다. 예로서 “HFC-227ea”와 “HFC-236fa” 뿐만 아니라 탄소 개수가 2개인 할로겐화합물 소화약제에는 “HFC-134a”도 있으며 탄소 개수가 3개인 할로겐화합물 중에는 “HFC-245ca”, 탄소 개수가 4개 중에는 “HFC-338mccq”도 있다. 그러나 이런 기호의 부여와 이해는 복잡한 분자구조를 대칭화학(symmetry chemistry)을 통해 이해해야할 사항이므로 소방학 분야에서 다루는 것은 불필요하다.

2세대라 불리는 FIC계열도 숫자 부분은 CFC식으로 표기한다.

주성분이 C_2HF_5인 할로겐화합물소화약제의 공식명[49]은 학술명인 펜타플루오로

49) 할로겐화합물 및 불활성기체소화설비의 화재안전기준(NFSC 107A) 제4조(2018년 11월)

에탄(Pentafluoroethane)과 제품명인 HFC-125이다. 이 예를 통해 할로겐화합물 소화약제의 명명법에 대한 제품명 결정과정을 적용해 보자.

먼저 C_2HF_5 분자를 구성하는 원소들을 보면 탄소, 수소 그리고 플루오르의 세 종류이므로 성분계열은 네 개의 계열 중 HFC계열에 속한다. 그러므로 CFC식 명칭에 따라 첫 번째 숫자는 탄소 개수에서 1을 뺀 값이므로 2-1=1, 두 번째 숫자는 수소의 개수에 1을 더한 값이므로 1+1=2, 세 번째는 플루오르 개수를 그대로 나타내므로 5가 된다. 그러므로 소화약제의 명칭은 HFC-125이다.

불활성기체소화약제의 명칭은 비활성기체(inert gas, IG)를 의미하는 영어계열명 뒤에 약제구성 성분기체의 부피 분율(volume fraction)을 나타내는 세 자리 숫자로 표현한다. 세 자리 숫자는 왼쪽부터 질소(N_2) 성분, 아르곤(Ar) 성분, 이산화탄소(CO_2) 성분의 상대적 양을 순서적으로 나타내며, 한 성분밖에 없으면 그 성분만을 1로 표현하고, 두 성분 이상이면 각각의 성분비를 10분위(10%) 숫자로 표현한다. 그리고 세 자리 숫자 중 맨 오른쪽 마지막 숫자가 0인 경우는 생략되기도 한다.

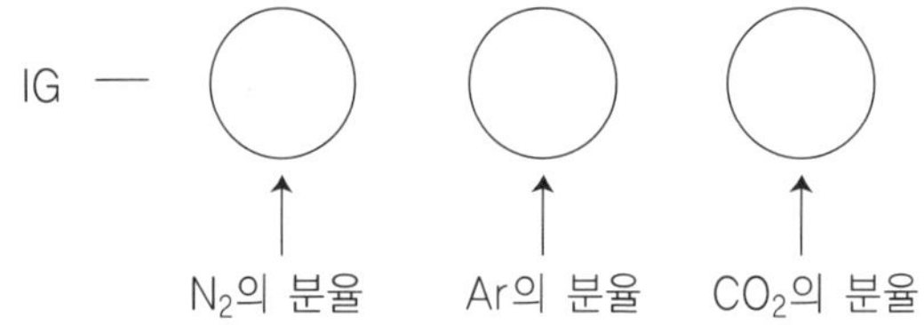

그림 4-11 불활성기체소화약제의 명칭

예로서 불활성기체소화약제인 IG-541은 질소 기체가 50 vol.%, 아르곤 기체가 40 vol.%, 이산화탄소 기체가 10 vol.%로 구성되어 있다.

예제 4-20 다음 소화약제들의 약제명은 화학식으로, 화학식은 약제명으로 나타내시오.

(a) HCFC-124 (b) CF_3I (c) IG-100

풀이 (a) 약제명 내 영어계열명에서 수소(H), 염소(Cl), 플루오르(F), 탄소(C)가 구성 원소임을 알 수 있고, 124의 숫자 부분에서 탄소는 2개, 수소는 1개, 플루오르는 4개임을 알 수 있다. 그러나 수소와 플루오르를 더한 개수는 5개이지만 2개의 탄소에 결합할 수 있는 자리는 6개이므로 종합적으로 보면 염소 원자는 1개 임을 알 수 있다. 그러므로 화학식은 C_2HF_4Cl이다.

(b) 요오드(I) 원자가 있으므로 2세대 할로겐화합물소화약제이며 영어계열명도 FIC이다. 그리고 약제명도 할론식으로 숫자를 표기해야 한다. 첫 번째 숫자는 탄소 개수이므로 1, 두 번째 숫자는 플루오르의 개수이므로 3이며 나머지 두 자리를 나타내는 염소와 브롬은 없으므로 생략된다. 다만 요오드 원자가 한 개 있으므로 I1을 추가적으로 표기해야 한다. 그러므로 약제명은 FIC-13I1이다.

(c) 불활성기체소화약제이므로 숫자 부분에서 첫 번째 숫자만이 1이며 나머지 자리의 숫자는 모두 0이다. 따라서 질소 기체가 100%임을 알 수 있다.

정답 (a) C_2HF_4Cl (b) FIC-13I1 (c) N_2

4-6-3 할로겐화합물 및 불활성기체소화약제의 종류

할로겐화합물 및 불활성기체소화약제의 종류는 크게 할로겐화합물소화약제와 불활성기체소화약제로 구분되지만 이를 세분하면 국내의 경우 할로겐화합물 및 불활성기체소화약제로 승인된 약제는 할로겐화합물 성분이 9종류, 불활성기체 성분이 4종류로서 총 13종이 있다.[50] 또한 할로겐화합물 청정소화약제 9종 중에는 단일 성분이 아니라 여러 종류의 할로겐화합물소화약제가 혼합된 것도 있다(HCFC BLEND A).

국내 다른 기준[51]에서는 미국방화협회(NFPA)의 기준을 따라 할로겐화합물소화

50) 할로겐화합물 및 불활성기체소화설비의 화재안전기준(NFSC 107A) 제4조(2018년 11월)

약제의 종류가 9종류인 것은 동일하나 그 대상이 국가화재안전기준과는 두 종류가 다르다. 즉, FC-3-1-10이 빠지고 HCFC BLEND B가 포함되어 있다.

국가화재안전기준(NFSC)에서 승인된 13종의 청정소화약제의 특성은 다음과 같다.

4-6-3-1 FC-3-1-10

FC-3-1-10은 화학식이 C_4F_{10}이며 수소 원자가 전혀 없으며 4개의 탄소 원자가 모두 플루오르와 강하게 결합한 물질이다. 따라서 대기 중에서 분해가 어렵고 지구온난화지수가 높아 미국방화협회(NFPA) 및 국내 관련 법규 중에는 소화약제로서의 규격을 승인하지 않고 있다.[52] FC-3-1-10은 소화농도가 5 ~ 5.8 vol.% 정도이어서 소화성능도 우수한 편이며 오존파괴지수(ODP)도 0으로 낮아 할론소화약제를 대체하는 약제로 사용될 수 있다. 또한 NOAEL(동물실험방식)이 40%로 최저설계농도인 6%보다 높아 사람이 거주하는 곳에서도 사용이 가능하고 전역방출방식의 소화설비에 이용될 수 있다. FC-3-1-10의 LOAEL(부작용 관측 최저농도)은 40 vol.% 이상이다. 그러나 동일한 연소 조건의 경우 할론 1301에 비해 두 배의 약제량이 필요하다. 개발회사인 3M사의 상품명은 CEA-410인데, CEA는 Clean Extinguishing Agent의 의미이고 410은 4-10으로서 4개의 탄소와 10개의 플루오르를 의미한다.

4-6-3-2 HCFC BLEND A

HCFC BLEND A 할로겐화합물소화약제는 HCFC-22($CHClF_2$)를 주성분으로 4개의 성분이 혼합된 혼합약제(blended agent)이다. 약제의 조성은 무게백분율(weight percent, wt.%)로 82%의 HCFC-22($CHClF_2$), 9.5%의 HCFC-124

51) 소화약제의 형식승인 및 제품검사의 기술기준, 제8조(2017년 7월)

52) 소화약제의 형식승인 및 제품검사의 기술기준, 제8조(2017년 7월)

($CHClFCF_3$), 4.75%의 HCFC-123($CHCl_2CF_3$), 3.75%의 D-리모넨(D-Limonene, $C_{10}H_{16}$)이다.

HCFC BLEND A 는 상품명이 NAF S-III로 잘 알려져 있고, 국내의 경우 NAF S-III 이외도 FineXG, HCFC B/A DYC, Clean A-One 등의 상품명이 여기에 속하는데, 상품명은 판매업체의 상호를 반영하여 붙인 명칭들이다.

HCFC BLEND A 는 국내의 경우 가장 많이 보급된 할로겐화합물소화설비이다. 지구온난화지수(GWP)와 대기잔류시간(ALT)은 각각 1,700과 11.9년으로 비교적 낮은 편이나 오존파괴지수가 0.036으로 높은 편이어서 몬트리올 의정서에 의해 그 사용이 2040년까지로 제한이 된다. 지구온난화지수는 주성분인 HCFC-22의 GWP수치가 높은 것이 가장 큰 이유이나 소화 시 D-리모넨으로부터 발생되는 검정(soot)도 GWP를 높이는 원인이다.

HCFC BLEND A 는 열분해 물질인 HF(플루오르화수소)등으로 인해 인체 독성이 있으며 NOAEL(동물실험방식)이 10 vol.%이고 LOAEL은 10 vol.% 이상이다. 따라서 자체 소화농도가 7% 정도의 A급 화재에는 무관하나 소화농도가 10%인 B급 화재에는 사용상의 제한을 받는다.

4-6-3-3 HCFC-124

HCFC-124는 주성분이 CF_3CFHCl이며 비점이 -11°C로서 낮아 약제 방출 시 다른 할로겐화합물소화약제들에 비해 방사압력의 확보가 상대적으로 용이하다. 소화농도는 6.4 ~ 8.2 vol.%인데 NOAEL(동물실험방식)과 LOAEL이 각각 1.0% 및 2.5% 이어서 사람이 거주하지 않는 공간으로의 전역방출방식 소화설비나 소화기용으로 사용된다. 상품명은 Du Pont사의 FE-241인데, FE는 소화약제(fire extinguisher)를 의미하며, 241은 할론식 명칭으로서 탄소 원자가 2개, 플루오르 원자가 4개, 염소 원자가 한 개 있음을 의미한다. HCFC-124의 ODP는 0.002이다.

제 4 장

4-6-3-4 HFC-125

HFC-125는 주성분이 CHF_2CF_3이며 할론 1301과 화학적 특성이 유사하지만 소화농도가 8.1 ~ 9.4 vol.%이므로 2.9 ~ 3.9 vol.%인 할론 1301에 비해 동일 조건에서의 약제 사용량이 약 2.5배 필요하다. 또한 증발열이 39.4 cal/g으로 28 cal/g인 할론 1301보다 커 방사 시 냉각소화효과는 증가하지만 방사압력의 확보 및 유지가 어려운 단점이 있다. HFC-125는 NOAEL이 7.5%(동물실험방식)와 11.5%(PBPK 모델)로서 PBPK모델 NOAEL의 경우 소화농도보다 높아 화재 시 사람이 상주하는 곳으로의 전역방출방식이 가능하다. 또한 HFC-125는 ODP가 0이며 GWP와 ALT가 각각 3,400과 29년이어서 환경적으로 우수한 물성을 가지고 있다.

HFC-125의 대표적 상품명은 Du Pong사의 FE-25이며 국내 시판되는 상품명으로는 FS-125, MG-125, Fort-125 등이 있다.

4-6-3-5 HFC-227ea

HFC-227ea는 주성분이 CF_3CHFCF_3이고 HFC계열의 할로겐화합물소화약제들 중에는 가장 널리 사용되는 소화약제이다. 또한 소화농도가 5.8 ~ 6.6%로서 소화성능이 우수하고 NOAEL도 9%(동물실험방식)와 10.5%(PBPK모델)이어서 사람이 상주하는 곳에서의 전역방출방식이 가능하다. HFC-227ea의 LOAEL은 10.5%이며 오존파괴지수(ODP)는 0이다. GWP와 ALT가 각각 3,500과 33년으로 높지 않아 미국 환경청의 할로겐화합물 청정소화약제의 성능기준인 SNAP프로그램으로 승인된 물질이다.

HFC-227ea의 상품명은 FM-200이 대표적이며 국내의 경우 MG227KSS와 FM 200-PFS 등의 제품명으로 판매되고 있다.

4-6-3-6 HFC-23

HFC-23은 주성분이 CHF_3이며 소화농도가 11.6 ~ 14.4%로서 소화성능이 할론 1301(약 3.4%)에 비해 매우 약하다. 그러나 NOAEL(동물실험방식)이 50%로 높고 인체 독성의 위험성이 작아 전역방출방식이 가능하다. 또한 HFC-23은 임계온도가 25.9°C로 낮아 상온에서의 포화증기압이 4.2 MPa에 이르므로 가압용 질소가 필요치 않고 자체적으로 약제방사가 가능한 유일한 할로겐화합물소화약제이다. 따라서 HFC-23은 ODP도 0이며 대량 방사 시 환경오염도 없으므로 기존의 이산화탄소 소화설비에 소화능을 향상시킨 대체물질로 사용가능하다는 점이 가장 큰 특징이다. 그러나 임계온도가 낮아서 임계온도보다 높은 온도에서의 약제방사 시 기체 상태로 인한 방사시간의 지연과 방사압의 저하에 따른 방사거리의 단축 등이 단점이다. Du Pong사의 FE-13이 대표적인 상품명이며 국내의 경우 Anyfire와 Blazero등의 제품명으로 상품화되어 있다.

4-6-3-7 HFC-236fa

HFC-236fa는 주성분이 $CF_3CH_2CF_3$이며 소화농도는 5.3%로서 1세대 할로겐화합물소화약제들 중에는 소화능이 가장 높은 편이다. 또한 NOAEL과 LOAEL이 각각 12.5%(PBPK모델)와 15%이어서 전역방출방식의 소화설비 운용이 가능하다. ODP도 0이어서 환경적으로도 우수한 소화약제이다.

대표적인 상품명은 Du Pong사의 FE-36이다.

4-6-3-8 FIC-13I1

FIC-13I1은 소위 2세대 할로겐화합물소화약제로서 요오드(I) 원소가 들어있는 유일한 소화약제이며 주성분은 CF_3I이다. 소화농도가 3%로서 할론 1301(2.9 ~ 3.9%)

보다 소화성능이 우수하고 최저설계농도는 3.6%이다. 그러나 NOAEL과 LOAEL이 각각 0.3%(PBPK모델)와 0.4%로 낮아 인체 독성이 강하므로 전역방출방식으로 운용되지 못하는 단점이 있다. ODP는 0.0001로서 환경적인 문제점은 크지 않다.

대표적 상품명은 Pacific Scientific사의 Triodide이다.

4-6-3-9 FK-5-1-12

FK-5-1-12는 주성분이 $CF_3CF_2COCF(CF_3)_2$이며 소화성능이 우수할 뿐만 아니라 친환경적인 소화약제로서 SNAP 기준 인증을 통과한 물질이다. FK-5-1-12는 ODP가 0이며 특히 GWP와 ALT가 각각 1과 0.014년(year)으로서 다른 약제들에 비해 매우 낮다는 점이 가장 큰 특징이다.

FK-5-1-12는 3M사가 상품명 NOVEC(Northern Virginia Electric Cooperative, 일명 '젖지 않는 물')으로 개발한 물질로서 소화농도와 설계농도(4 ~ 6%)는 할론 1301과 거의 유사하여 소화성능이 매우 높다. 또한 NOAEL(동물실험방식)이 10%이어서 사람이 거주하는 곳에서의 전역방출방식이 가능하다.

NOVEC의 융점과 비점은 대기압 하에서 각각 −108°C와 49°C이므로 상온에서의 상태는 액체이며 밀도는 1.6 g/mL이다. 그리고 증발열이 21.1 cal/g이므로 할론 1301(26.5 cal/g)에 비해 냉각소화효과는 조금 약하다.

FK-5-1-12의 대표적인 상품명은 NOVEC이며 국내의 경우 NOVEC-1230과 Fort-1230의 제품명이 있다.

4-6-3-10 IG-01

IG-01은 불활성기체소화약제로서 주성분이 99.9 vol.% 이상의 아르곤(Ar)이다.[53] 소화작용이 질식소화이므로 고농도로 인한 질식효과 이외 자체 독성이나 분해 생성물이 없으므로 인체 독성은 없다. 질식소화작용만을 가지는 불활성기체소화약제의 경우 인체 독성은 NOAEL이 의미를 가지지 못하므로 인간이 호흡 가능한 최저 12 vol.%의 산소농도를 적용한다. 12%의 산소 농도를 유지하기 위한 불활성기체 청정소화약제의 최대 농도를 NEL(부작용준위, No Effect Level)이라고 하며, 질식소화작용만을 나타내는 모든 불활성기체 청정소화약제는 43 vol.%이다.

IG-01은 다른 불활성기체소화약제에 비해 가격이 비싸고 소화작용의 큰 장점이 없어 이용도가 매우 낮다.

4-6-3-11 IG-100

IG-100은 불활성기체소화약제에 속하며 주성분은 공기의 주성분인 질소(N_2)가 99.9 vol.% 이상이다.[54] ABC급 모든 화재에 적용가능하며 비용도 상대적으로 저렴하므로 소화설비에 실제적으로 이용도가 높은 편이다. 또한 인체 독성이 없으므로 사람이 거주하는 곳으로의 전역방출방식이 가능하며 ODP도 0이고 GWP와 ALT도 수치로 표현할 의미가 없는(no account, N/A) 대표적인 친환경 소화약제이다. NEL은 역시 43 vol.%이다.

IG-100은 소화농도가 31 vol.% 정도로서 크게 높지 않으나 저장공간이 많이 필요하고, 저장 용기 내 압력이 200기압 이상이고 방사압력도 고압이어서 방호대상물과 시설물을 보호하기 위해 방호구역 내 과압방출구(relief vent)를 설치해야 하는 단점이 있다.

국내의 경우 해당 소화설비용 상품명은 Finen-100과 eGreenN-100 등이 있다.

53) 소화약제의 형식승인 및 제품검사의 기술기준, 제9조 2호(2017년 7월)

54) 소화약제의 형식승인 및 제품검사의 기술기준, 제9조 3호(2017년 7월)

4-6-3-12 IG-541

IG-541은 불활성기체소화약제의 한 종류이며 질소(N_2) 52 ± 4 vol.%, 아르곤(Ar) 40 ± 4 vol.%, 이산화탄소(CO_2) 8 ~ 9 vol.%[55]로 구성된 혼합기체 소화약제이다. IG-541 역시 질소 기체가 가장 많은 양을 차지하고 있어서 IG-100과 마찬가지로 큰 저장공간과 방호구역 내 과압방출구가 필요하고 NEL은 43 vol.%이다. 소화농도는 32 ~ 35 vol.%이며 질식소화작용이 주된 소화기능이다. ODP는 0이며 GWP와 ALT는 no account(N/C)로서 친환경적이다.

대표적인 상품명은 Ansul Fire Protection사의 'Inergen'이다.

4-6-3-13 IG-55

IG-55는 불활성기체소화약제의 한 종류이며 질소(N_2) 50 ± 5 vol.%, 아르곤(Ar) 50 ± 5 vol.%[56]로 구성된 혼합기체 소화약제이다. 제반 물성은 IG-541과 유사하며 NEL 역시 43 vol.%이다. 대표적 상품명은 아르곤(Argon)과 질소(Nitrogen)를 합성한 Securiplex사의 'Argonite'이다.

4-6-4 할로겐화합물 및 불활성기체소화약제의 설계농도

"할로겐화합물 및 불활성기체소화약제"의 설계농도는 여러 종류의 약제가 가지는 각각의 소화농도에 의해 결정되나 그 운용방식은 인체에 부작용이 나타나지 않아야 하므로 할로겐화합물소화약제들은 NOAEL과 LOAEL에, 불활성기체소화약제들은 NEL에 연관되어 있다.

"할로겐화합물 및 불활성기체소화약제"의 최소설계농도는 표준시험방식에서 승

55) 소화약제의 형식승인 및 제품검사의 기술기준, 제9조 1호(2017년 7월)
56) 소화약제의 형식승인 및 제품검사의 기술기준, 제9조 4호(2017년 7월)

인된 소화약제들 각각의 화재형태별 소화농도를 기준으로 A, C급 화재는 안전계수(safety factor)로 1.2를 곱하고, B급 화재는 안전계수로 1.3을 곱해주어야 한다.[57] 그러나 안전계수를 고려한 설계농도라 할지라도 사람이 상주하는 곳에서는 다음의 〈표 4-19〉에 따른 최대허용설계농도를 초과할 수 없다.[58] 할로겐화합물 및 불활성기체소화약제의 최대허용설계농도는 할로겐화합물소화약제는 NOAEL을 의미하며, 불활성기체소화약제는 NEL을 의미한다. 할로겐화합물소화약제들 중 HFC-227ea, HFC-125, HFC-236fa, FIC-13I1의 네 가지는 NOAEL수치가 PBPK모델로 승인된 것들이어서 기존의 동물실험방식에 의한 값은 사용치 않는다.

표 4-19 할로겐화합물 및 불활성기체소화약제의 최대허용 설계농도

청정소화약제의 종별		최대허용 설계농도(Vol. %)	
① FC-3-1-10	② HCFC BLEND A	① 40	② 10
③ HCFC-124	④ HFC-125	③ 1.0	④ 11.5
⑤ HFC-227ea	⑥ HFC-23	⑤ 10.5	⑥ 50
⑦ HFC-236fa	⑧ FIC-13I1	⑦ 12.5	⑧ 0.3
⑨ FK-5-1-12	⑩ IG-01	⑨ 10	⑩ 43
⑪ IG-100	⑫ IG-541	⑪ 43	⑫ 43
⑬ IG-55		⑬ 43	

미국 환경청은 청정소화약제의 설계농도에 관한 구체적인 조건[59]으로서 전역방출방식의 경우 설계농도가 NOAEL보다 낮아야만 운용이 가능하다. 따라서 청정소화약제의 설계농도가 LOAEL보다 높으면 사람이 없거나 피난시간이 30초를 초

57) 할로겐화합물 및 불활성기체소화설비의 화재안전기준(NFSC 107A) 제7조 ①항 3호(2018년 11월)

58) 할로겐화합물 및 불활성기체소화설비의 화재안전기준(NFSC 107A) 제7조 ②항(2018년 11월)

59) 미국 환경청(EPA) SNAP프로그램(significant new alternative policy program)

과하지 않는 곳에서만 운용하도록 규정하고 있다. 또한 피난 시간이 30초에서 1분 사이의 경우에는 소화약제가 LOAEL을 초과할 수 없도록 하였다. 그리고 피난 시간이 1분을 넘는(최대 5분) 장소에서는 소화약제의 농도를 NOAEL보다 높게 운용하지 못하도록 규정하고 있다.

4-6-5 할로겐화합물 및 불활성기체소화약제의 저장량

"할로겐화합물 및 불활성기체소화약제"의 소화약제량 산정은 국가화재안전기준[60]에 그 계산법이 할로겐화합물소화약제와 불활성기체소화약제로 구분하여 제시되어 있으며, 계산된 양 이상의 약제를 저장하여야 한다.

4-6-5-1 할로겐화합물소화약제의 저장량

할로겐화합물소화약제의 저장량(W, kg)은 방호구역의 체적(V, m^3), 소화약제의 비체적(specific volume, S, m^3/kg), 소화약제의 설계농도(C, vol.%)에 의해 결정되며, 비체적은 소화약제의 종류에 따라 달라지는 선형상수(K_1, K_2)와 최저온도(t, °C)에 의해 정해진다.

이 같은 소화약제 저장량 산정 방법은 '국가화재안전기준'[61]과 '소화약제의 형식승인 및 제품검사의 기술기준'[62]이 동일하다.

$$W = \frac{V}{S} \times \left(\frac{C}{100 - C} \right) \qquad \text{(식 4-53)}$$

60) 할로겐화합물 및 불활성기체소화설비의 화재안전기준(NFSC 107A) 제7조 ①항 3호(2018년 11월)

61) 할로겐화합물 및 불활성기체소화설비의 화재안전기준(NFSC 107A) 제7조 ①항 1호(2018년 11월)

62) 소화약제의 형식승인 및 제품검사의 기술기준, 제11조 ②항 1호의 1)(2017년 7월)

[W(kg) : 소화약제 저장량
V(m^3) : 방호구역의 체적
S(m^3/kg) : 소화약제별 비체적
C(Vol.%) : 소화약제의 설계농도]

$$S = K_1 + K_2 \cdot t \quad (식\ 4\text{-}54)$$

[K_1, K_2 : 소화약제별 선형상수
t(°C) : 방호구역의 최소예상온도]

표 4-20 할로겐화합물소화약제의 선형상수(K_1, K_2)

소화약제	K_1	K_2
FC-3-1-10	0.094104	0.00034455
HCFC BLEND A	0.2413	0.00088
HCFC-124	0.1575	0.0006
HFC-125	0.1825	0.0007
HFC-227ea	0.1269	0.0005
HFC-23	0.3164	0.0012
HFC-236fa	0.1413	0.0006
FIC-13I1	0.1138	0.0005
FK-5-1-12	0.0664	0.0002741

예제 4-21 HFC-227ea의 B급 화재에 대한 소화농도가 7 vol.%이다. 체적이 30 m^3인 방호구역의 예상최저온도가 5°C이라면 소화약제의 최소저장량은 몇 kg인가? (소수점 아래 첫째 자리까지만)

풀이 먼저 (식 4-54)와 〈표 4-20〉을 이용하여 비체적(S)을 구한다.

$$S(m^3/kg) = 0.1269\ m^3/kg + (0.0005\ m^3/kg°C)(5°C)$$
$$= 0.1294\ m^3/kg$$

그리고 (식 4-53)에 주어진 자료를 대입하여 계산한다. 단, B급 화재의 설계농도(C)는 최소소화농도에 1.3을 곱한 값이다(안전계수, 4-6-4 참조).

$$W(kg) = 30\ m^3 \div 0.1294\ m^3/kg \times (9.1 \div 90.9)$$
$$= 23.20943\ kg$$

정답 23.2 kg

4-6-5-2 불활성기체소화약제의 저장량

방호공간으로의 불활성기체소화약제의 분사는 질식소화작용에 필요한 긴 시간과 높은 압력의 약제 방출이 특징이므로 방호구역 내 약제의 방출은 자유유출(free efflux) 개념이다. 즉, 방호구역 내 분사된 약제는 공기와 함께 혼합되어 약제방출 부피만큼 방호구역 외부로 개구부를 통해 빠져나가는 개념이다. 이것은 소화약제 방출량이 상대적으로 작은 할로겐화합물 소화약제의 무유출(no efflux) 개념과는 차이가 있다.

불활성기체소화약제의 저장량(X)은 방호구역 단위체적당 필요한 소화약제의 부피(m^3)를 의미하며, 20°C에서의 소화약제별 비체적(V_s), 소화약제별 비체적(S), 소화약제별 설계농도(C)에 의해 결정된다. 소화약제의 비체적(S)은 (식 4-56)과 같이 소화약제별 선형상수(K_1, K_2)와 방호구역의 예상최저온도(t)에 의해 정해진다.

이 같은 소화약제 저장량 산정 방법은 '국가화재안전기준'[63]과 '소화약제의 형식승인 및 제품검사의 기술기준'[64]이 동일하다.

$$X = 2.303\frac{V_S}{S} \times \left(\log\frac{100}{100 - C} \right) \qquad \text{(식 4-55)}$$

63) 할로겐화합물 및 불활성기체소화설비의 화재안전기준(NFSC 107A) 제7조 ①항 2호(2018년 11월)

64) 소화약제의 형식승인 및 제품검사의 기술기준, 제11조 ②항 1호의 2)(2017년 7월)

$$\left[\begin{array}{l} X : \text{방호구역 } 1m^3\text{당 소화약제의 부피}(m^3) \\ V_S : 20^\circ C\text{에서 소화약제의 비체적}(m^3/kg) \\ S : \text{소화약제별 비체적}(m^3/kg) \\ C : \text{소화약제의 설계농도}(Vol.\%) \end{array}\right]$$

$$S = K_1 + K_2 \cdot t \qquad \text{(식 4-56)}$$

$$\left[\begin{array}{l} K_1, K_2 : \text{소화약제별 선형상수} \\ t(^\circ C) : \text{방호구역의 최소예상온도} \end{array}\right]$$

표 4-21 불활성기체소화약제의 선형상수(K_1, K_2)

소화약제	K_1	K_2
IG-01	0.56585	0.00208
IG-100	0.7997	0.00293
IG-541	0.65799	0.00239
IG-55	0.6598	0.00242

예제 4-22 IG-541의 A급 화재에 대한 소화농도가 32 vol.%이다. 체적이 30 m^3인 방호구역의 예상최저온도가 10°C라면 소화약제의 최소저장량은 몇 m^3인가? (소수점 아래 첫째 자리까지만)

풀이 먼저 (식 4-56)과 〈표 4-21〉을 이용하여 10°C의 비체적(S)과 20°C의 비체적(V_s)을 구한다.

$$S(m^3/kg) = 0.65799\ m^3/kg + (0.00239\ m^3/kg^\circ C)(10^\circ C) = 0.68189\ m^3/kg$$

$$V_s(m^3/kg) = 0.65799\ m^3/kg + (0.00239\ m^3/kg^\circ C)(20^\circ C) = 0.70579\ m^3/kg$$

A급 화재의 설계농도(C)는 최소소화농도에 1.2를 곱한 값이다.

$C(vol.\%) = 32 \times 1.2 = 38.4$

그리고 (식 4-55)에 주어진 자료를 대입하여 계산한다.

$$X(m^3) = 2.303(0.70579 \div 0.68189) \times 0.2104$$
$$= 0.50158$$

$X(m^3)$는 방호구역 단위체적당 소화약제의 부피이므로 30 m^3 부피의 경우

$0.50158 \times 30 = 15.0474(m^3)$

정답 15.0 m^3

연습문제

01 NOAEL이란?

02 방호대상물이 산화에틸렌이며 체적이 20 m^3인 방호구역 내 불연성 물체의 부피는 5 m^3이다. 또한 방호구역 내 개폐장치가 없는 환기구의 총 면적이 2 m^2이라면 전역방출방식 이산화탄소 소화설비의 약제저장량은 몇 kg인가?

03 디옥산(dioxane)이 보관된 위험물 저장시설의 체적이 100 m^3이며, 자동개폐장치가 없는 환기구의 면적은 4 m^2이다. 전역방출방식으로 운용되는 이산화탄소 소화설비에 소화약제 저장량은 몇 kg인가?

04 호스릴방식으로 운용되는 할론소화설비에 3개의 노즐이 연결되어 있다면 할론 1301은 몇 kg이 저장되어야 하는가?

05 임계온도(critical temperature)란?

06 가로, 세로, 높이가 각각 3 m, 5 m, 2 m인 방호대상물이 있는 방호공간 내 주위 벽면적의 합이 2 m^2이다. 연소 형태가 입체화재일 경우 국소방출방식으로 방사되는 할론 1301의 저장량은 몇 kg이 필요한가? (소수점 아래 첫째 자리까지만)

07 다음 소화약제의 약제명은 화학식으로, 화학식은 약제명으로 나타내시오.

(a) HFC-23

(b) C_4F_{10}

(c) IG-01

08 NEL이란?

09 NOVEC의 B급 화재에 대한 소화농도가 6 vol.%이다. 체적이 20 m^3인 방호구역의 예상최저온도가 영하 10℃라면 소화약제의 저장량은 몇 kg인가? (소수점 아래 두 번째 자리까지만)

10 IG-100의 B급 화재에 대한 소화농도가 32 vol.%이다. 체적이 40 m^3인 방호구역의 예상최저온도가 영하 10℃라면 소화약제의 저장량은 몇 m^3인가? (소수점 아래 두 번째 자리까지만)

제 5 장

분말소화약제

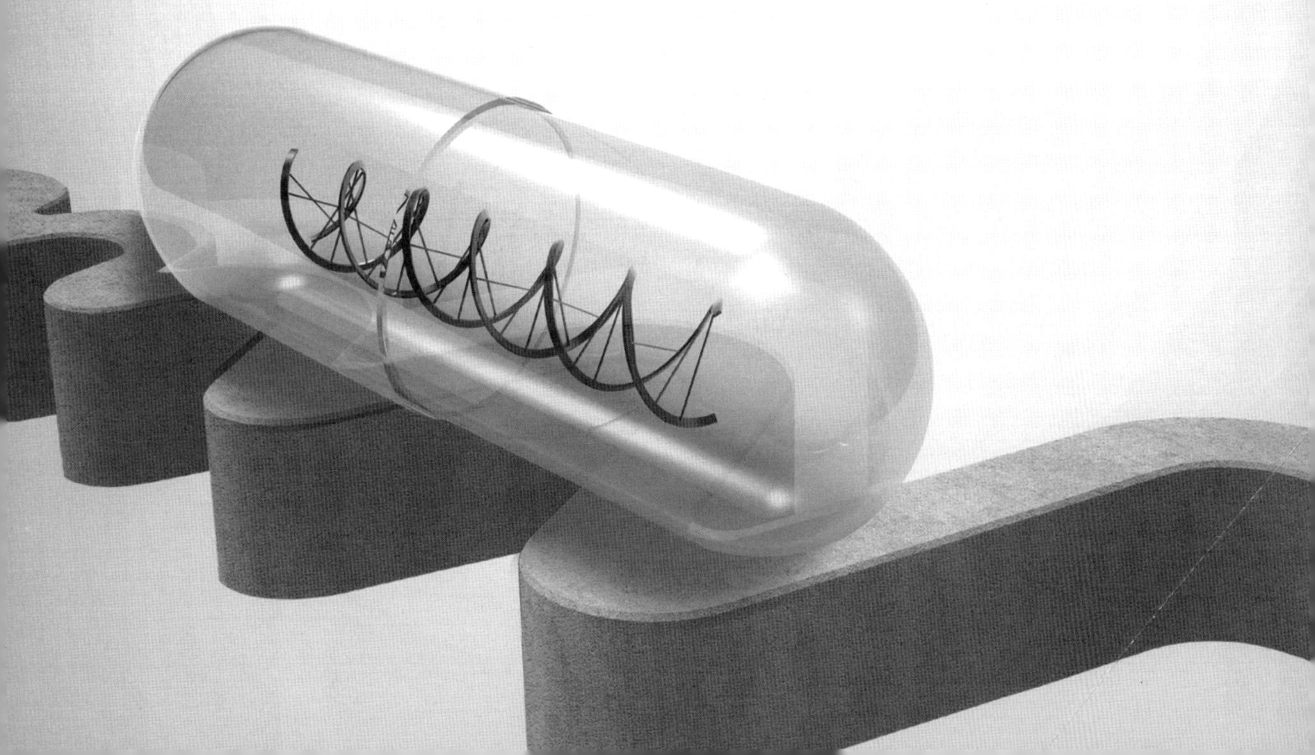

5-1 분말소화약제의 성상

분말소화약제는 미세한 분말로 구성된 소화약제로서 관련 규정[65]에 "분말소화약제는 방습가공을 한 나트륨 및 칼륨의 중탄산염 기타의 염류 또는 인산염류·황산염류 그 밖의 방염성을 가진 염류로서 다음의 각 호에 적합 한 것"으로 정의되어 있다. 다음의 각 호로 표현된 분말약제로서의 조건은 분말의 미세도, 분말의 성분비, 수분함유율, 흡습률, 겉보기비중, 수중침강도, 경화도, 약제구분 착색 여부 등이 있다.

분말의 미세도는 표준체(KS A 5101-1) 통과 후 잔량이 〈표 5-1〉과 같아야 한다.

표 5-1 분말소화약제의 미세도

표준체의 크기 (μm)	BC용 분말(잔량 wt. %)		ABC용 분말(잔량 wt. %)	
	최소	최대	최소	최대
425	0	0.5	0	0
150	0	1	0	10
75	5	30	12	25
45	-	-	12	25
받침판	70	95	50	70

분말소화약제의 성분비는 약제의 종류에 따른 주성분 물질의 비율을 의미한다. 주성분이 중탄산나트륨($NaHCO_3$)인 경우는 90 wt.% 이상, 중탄산칼륨($KHCO_3$)인 경우는 92 wt.% 이상, 인산염류인 경우는 제1인산암모늄($NH_4H_2PO_4$)이 75 wt.% 이상이어야 한다.

65) 소화약제의 형식승인 및 제품검사의 기술기준, 제7조(2017년 7월)

분말소화약제의 수분함유율은 진한 황산 건조기(데시케이터, desiccator) 속에서 24시간 후 측정값이 0.2 wt.% 이내이어야 한다. 또한 흡습률은 상대습도가 60% 및 80%인 항온항습조 내에서 각각 48시간 경과 후, 중탄산나트륨의 경우는 0.2 wt.% 이내, 중탄산칼륨의 경우는 2 wt.% 이내 인산염류는 1.5 wt.% 이내이어야 한다.

분말소화약제는 겉보기비중(apparent specific gravity)이 0.820 g/mL 이상이어야 하고, 수면 위 분포 후 1시간 이내 침강하지 않아야 하며, 분말상태로 방치 시 굳거나 덩어리지지 않아야 하고 페네트로메타(penetrometer) 시험기로 15 mm 이상 침투되어야 한다.[66] 또한 약제의 성분을 구분하기 위해 칼륨의 중탄산염이 주성분인 경우는 담회색, 인산염 등이 주성분인 경우는 담홍색(또는 황색)으로 착색하여야 한다.[67]

분말소화약제는 유동성과 소화효율을 높이기 위해 미세 입자 형태로 운용되며 10 ~ 75 μm 범위의 다양한 크기를 가진 입자들로 구성된다. 또한 분말 입자들의 방습과 고형화 방지를 위해 표면을 실리콘오일 등으로 처리하여 방수성을 갖게 하기도 한다. 약제종류에 따른 차이는 있으나 전기화재와 심부화재 등의 다양한 화재 형태에 대한 적응성이 우수한 편이다.

분말소화약제는 일반적으로 소화효율에 비해 가격도 저렴하고 보관도 반영구적이다. 그러나 분사를 위한 가압원이 필요하며 소화 시 약제의 잔존으로 인한 이차적인 피해가 있는 점은 단점이다.

---

66) 소화약제의 형식승인 및 제품검사의 기술기준, 제7조 8호(2017년 7월)

67) 소화약제의 형식승인 및 제품검사의 기술기준, 제7조 7호(2017년 7월)

제 5 장

5-1-1 분말약제의 입도

이론적으로 볼 때에 약제분말입자의 크기는 작을수록 비표면적(specific surface area)이 커 소화약제로서의 반응성이 증가한다. 그러나 단위 입자의 크기가 작고 가벼울수록 비산되기 쉬워 실제적인 소화작용을 나타내기 어려운 점도 있다. 또한 분말 입자의 비표면적이 크면 화염과의 접촉 면적이 넓어 소화능이 향상될 수 있으나 흡착능도 증가하여 수분이나 다른 물질과 쉽게 반응하므로 굳어지거나 변질될 수도 있다.

고체 입자는 크기가 0.1 ㎛ 이하의 경우, 입자간 인력이 강해져 입자의 독립된 이동이 현저히 제한을 받아 고체 덩어리와 유사한 양상을 나타낸다. 그러나 입자의 크기가 30 ㎛을 넘으면 입자간 공극률도 대폭적으로 증가하여 입자간 이동이 상대적으로 자유스러워진다. 고체 입자는 그 크기가 미세할수록 비표면적의 증가와 비례하여 표면에너지도 상승하므로 입자간 인력에 의해 고체의 덩어리화가 강하게 진행된다. 또한 가연물 외형과 화재의 종류에 따른 화염접촉형태와 연관되어 소화약제분말은 그 크기의 분포가 다양해야 소화효율이 높아진다. 그러므로 분말소화약제의 입도(입자들의 분포도)는 20 ~ 30 ㎛ 크기의 것을 중심으로 넓게 분포되어 있다.

5-1-2 분말약제의 유동성

소화약제분말은 유동성이 좋아야 소화설비의 운용과 소화작용의 효율을 높일 수 있다.

고체입자를 평면에 쏟아 부었을 때 평면에 대한 분말의 집단(분체)이 나타내는 외형상 경사도를 안식각(angle of repose)이라 한다. 안식각은 소화약제분말의 유동성을 나타내는 척도인데, 그 값이 작을수록 유동성은 크다.

유동성이 우수한 소화약제분말은 장기간의 보관에도 고체덩어리로 뭉쳐지는 고형화가 나타나지 않으며 약제방출 시 원활한 분사가 가능하다.

분말소화약제를 구성하는 고체 입자의 독립적 유동성은 입자의 크기, 입도, 입자의 형상, 흡습률 등에 의해 결정된다. 분말약제의 유동성은 입자의 크기가 너무 작을수록, 입자의 독립적 외형이 구형에 가까울수록, 수분을 함유하는 흡습률이 높을수록 낮아진다. 따라서 실제적으로 분말소화약제의 제조 시 가장 중요한 기술은 저렴한 비용으로 약제분말의 유동성을 높이는 것이라 할 수 있다. 현재 이와 관련하여 소화약제분말의 유동성을 향상시키는 대표적 방법은 유동제와 방수제로 탄산마그네슘이나 금속스테아린산염을 첨가하거나 입자 표면에 방수제로 실리콘오일 등을 처리하는 것이다. 그러나 여기에도 처리온도와 방법에 따라 비용과 효과가 큰 차이를 나타내므로 관련 업체의 비공개적 know-how가 담겨져 있다.

5-1-3 분말약제의 충전비

분말소화약제의 용기 내 저장률을 충전비(filling ratio, L/kg)라고 한다. 즉, 분말소화약제의 충전비는 분말소화약제 1 kg이 차지하는 저장 공간의 부피(L)를 의미하며, 입도가 비슷할 경우 그 값이 클수록 분말입자사이의 공극률(cavity ratio)이 높아 약제분말의 유동성이 크다.

충전비는 비체적(specific volume)과 그 크기가 비례하지만 개념상의 차이가 있다. 소화약제의 충전비는 말 그대로 저장 용기 내 소화약제가 채워진 상태를 의미하므로 약제의 고유한 비중이 지배적 인자이긴 하나, 저장용기의 약제 충진율도 복합적으로 반영된 수치이다.

그러나 비체적은 포괄적 의미로 충전비와 동일한 의미를 가질 수 있으나 엄격히 표현하자면 소화약제 물질 고유의 물성을 나타내는 단위이다. 즉, 물질 1 kg

이 가지는 부피(m^3)를 의미한다.

비체적의 상반된 개념으로서 겉보기비중이 있다. 겉보기비중은 물질 1 mL가 차지하는 무게(g)를 의미하며, 분말소화약제의 형식승인조건은 0.820 g/mL 이상이다.[68] 겉보기비중은 동일한 입도의 경우에도 분말소화약제의 종류에 따라 달라지며 비체적과는 역수관계이다.

5-1-4 분말약제의 적응성

분말소화약제의 화재 적응성은 약제의 종류와 화재 형태에 따라 차이가 있으나 전반적으로 소화속도가 빠르고 대상 화재의 폭이 넓다는 것이 특징이다. 대부분의 분말소화약제가 전기절연성이 있으므로 고전압의 전기화재에 적용가능하며 일반화재의 경우 표면화재 뿐만 아니라 심부화재에 대한 소화적응성이 있다. 그러므로 약제의 종류에 따라 ABC급 화재뿐만 아니라 금속화재에 이르기까지 그 적용 대상이 넓다.

일부 분말소화약제 종류는 주방용 기름과 비누화반응(saponification)을 나타내어 소화효능을 높이기도 하며, 포소화약제와 함께 운용되는 CDC(Compatible Dry Chemicals)와 TAU(Twin Agent Unit) 형태로 소화효과를 높일 수도 있다. 이런 혼합약제 시스템은 분말소화약제가 가지는 빠른 소화작용과 포소화약제가 가지는 재착화방지 특성을 모두 이용하는 방법이어서 적용 분야가 확장되는 추세이다.

그러나 분말소화약제의 소화작용이 비효율적인 대표적인 대상은 자기연소성 물질과 가연성금속이다. 분말소화약제의 가장 큰 소화작용은 질식소화이므로 분자자체에 산소원자를 가지고 있어서 한계산소농도와 무관하게 연소가 진행되는 제5

---

68) 소화약제의 형식승인 및 제품검사의 기술기준 제7조 5호(2012년 2월)

류 위험물인 자기반응성 물질은 분말소화약제의 소화대상이 될 수 없다. 자기반응성물질은 대표적으로 니트로화합물, 셀룰로이드류, 질산에스테르류, 유기과산화물 등이 있다. 또한 소듐(나트륨), 포타슘(칼륨), 마그네슘, 티타늄 등의 가연성금속류는 낮은 산소 농도 하에서도 자체적으로 연소가 가능하고, 강한 연소성으로 인해 금속화재용 분말소화약제의 경우가 아닌 일반적인 분말소화약제의 소화효과를 기대할 수 없다.

이외도 분말소화약제의 소화적응성이 약한 대상은 가연물이나 방호대상물의 구조가 특별한입체적 형태를 가진 경우이다. 이것은 유체 상태가 아닌 분말소화약제가 가지는 유동성의 한계 때문이다.

5-2 분말소화약제의 소화작용

분말소화약제의 소화작용은 약제의 종류에 따른 차이가 있으나 크게 질식소화, 부촉매소화, 냉각소화가 있으며, 인산염류 분말약제의 경우에는 방진소화작용과 탈수작용에 의한 부촉매소화작용이 추가적으로 나타난다.

분말소화약제의 질식소화작용은 분말소화약제의 대표적인 소화작용으로서 고체 상태의 소화약제가 가지는 고유의 특성이며, 가스계 소화약제에 비해 적은 양으로도 높은 소화효율을 나타낸다. 따라서 고체 상태 약제가 가지는 우수한 질식효과는 분말소화약제의 소화효율뿐만 아니라 적응화재의 폭을 높여주는 가장 큰 원인이다. 또한 분말소화약제는 종류에 따라 화염과 접촉 시 이산화탄소 등의 비연소성 열분해 기체들을 발생시켜 질식작용을 나타내기도 한다. 이러한 분말소화약제의 우수한 질식소화작용은 종이와 목재류의 심부화재에도 화재적응성을 나타낸다.

분말소화약제의 부촉매소화작용은 열분해 과정에서 발생되는 약제 내 금속양이온들(Na^+, K^+, NH_4^+)에 의해 나타난다. 분말소화약제는 종류에 따라 함유된 금속 원자가 각기 다르지만 대부분의 소화약제들이 화염과 접촉 시 여러 단계로 분해되어 금속 양이온을 발생시킨다. 이런 양이온들은 연소반응의 연쇄반응 활성체인 수산화이온(•OH^-)과 반응하여 이를 제거함으로써 연소반응이 진행되지 못하도록 부촉매소화작용을 나타낸다.

분말소화약제의 냉각소화작용은 소화약제의 열분해과정에서 발생된다. 대부분의 분말소화약제는 화염과 접촉 시 여러 단계의 분해과정이 진행되어 주위로부터 열을 흡수한다. 분말소화약제의 이런 열분해과정은 모두 흡열반응(endothermic reaction)이어서 냉각소화작용을 나타낸다. 또한 열분해 과정에서 생성된 이산화탄소 기체와 수증기는 화원으로부터 주위로 전파되는 열을 차단하는 냉각소화효과가 있다.

인산염류가 주성분인 분말소화약제는 열분해과정에서 점성액체 상태인 메타인산(metaphosphoric acid, HPO_3)이 발생되므로 가연물 표면에 피막을 형성하는 방진소화작용을 나타낸다. 이런 피막은 가연물과 산소의 접촉을 차단하는 효과가 커 부촉매소화작용이 나타나기 어려운 무염화재의 소화에 효과적이며, 재착화의 가능성을 차단하는 작용도 한다.

분말소화약제가 가지는 탈수소화작용은 인산염류가 주성분인 분말소화약제에만 나타나는 소화작용으로서 소화약제의 열분해과정에서 발생된 오르토인산(orthophosphoric acid, H_3PO_4)에 의한 소화작용이다. 오르토인산은 탈수작용이 강해 가연물로부터 물(H_2O) 성분을 제거함으로써 연소반응의 연쇄반응 활성물질인 수소라디칼(•H)이나 수산화라디칼(•OH)의 생성을 제한하는 역할을 한다.

5-3 분말소화약제의 종류

분말소화약제는 주성분에 따라 네 종류로 구분되며[69] 제1종부터 제4종까지 제품으로 승인되어 있다. 분말소화약제는 주성분에 따라 분류되지만 화재 종류에 대한 적응성과 소화능의 차이를 나타낸다.

국내의 경우 제1인산암모늄이 주성분인 제3종 분말소화약제가 가장 대표적이며 실용화되어 있다. 약제의 주성분에 의한 소화성능만을 비교하면 BC급 화재에 대한 제1종 소화분말의 소화능에 비해 제2종과 제3종은 약 1.7배, 제4종은 2.5배 정도이다.

미국의 경우 분말소화약제의 종류는 국내와 마찬가지로 4종으로 구분하고 있으나 국내의 제4종 분말소화약제를 제외하고 수성막포소화약제와 인산암모늄 성분의 분말소화약제를 함께 사용하는(Twin Agent System) 포겸용분말약제(foam Compatible Dry Chemical, CDC)를 인정하고 있다.[70]

5-3-1 제1종 분말소화약제

제1종 분말소화약제는 최초로 개발된 분말소화약제로서 주성분은 탄산수소나트륨(sodium hydrogen carbonate, $NaHCO_3$)[71]이다. 제1종 분말소화약제는 BC급 화재에 소화능이 우수하며 분말자체의 질식작용 이외도 흡열과정인 270°C와 850°C의 두 차례 열분해과정을 통해 냉각소화작용이 나타난다. 또한 열분해생성물인 이산화탄소와 수증기 기체는 대기 중 산소 농도를 낮추어 질식소화효과를

69) 분말소화설비의 화재안전기준(NFSC 108) 제6조(2017년 7월)

70) NFPA 17 A 4.6.1

71) 혹은 중탄산소듐, 중탄산나트륨, 탄산수소소듐, Sodium Bicarbonate라고 한다.

나타내고, 화원으로부터 주위로 발산되는 열전달을 차단하는 작용을 한다. 열분해 과정에서 생성된 나트륨이온(Na^+)은 연쇄반응 활성체인 수산기(•OH)와 반응하여 이를 제거함으로써 부촉매소화작용을 나타낸다. 또한 제1종 분말소화약제는 식용유 등의 유지화재 시 비누화반응[72]을 통해 질식소화작용을 나타내는 특징도 있다.

$$(270^\circ C)\ 2\ NaHCO_3(s) \rightarrow Na_2CO_3(s) + H_2O(g) + CO_2(g) - 126.7\ kJ \quad (식\ 5\text{-}1)$$

$$(850^\circ C)\ 2\ NaHCO_3(s) \rightarrow 2\ CO_2(g) + H_2O(g) + Na_2O(s) - 436.4\ kJ \quad (식\ 5\text{-}2)$$

제1종 분말소화약제의 장점은 가격이 저렴할 뿐만 아니라 분말 유동성이 우수하여 보관과 취급이 용이하다는 점이다. 그러나 소화성능이 다른 분말약제에 비해 낮고 A급 화재에 대한 적응성이 없어 점차 사용이 감소하고 있다.

제1종 소화분말의 충전비와 겉보기비중은 각각 0.8 L/kg과 1.25 kg/L이며 표시색상은 백색이다. 제품으로 사용되는 제1종 분말소화약제의 조성은 주성분인 탄산수소나트륨이 95 ~ 97 wt.%, 방수제인 금속스테아린산염($C_{17}H_{35}COOM$)이 1 ~ 2 wt.%, 그 외 경화방지제와 유동제로 탄산마그네슘($MgCO_3$)이나 운모(mica) 가루 등이 들어있다.

5-3-2 제2종 분말소화약제

제2종 분말소화약제는 주성분이 탄산수소칼륨(potassium hydrogen carbonate, $KHCO_3$)[73]이며 BC급 화재에 대한 소화능은 제1종에 비해 1.7배 정도 우수하다. 소화작용은 분말자체의 질식작용 이외도 흡열과정인 190°C와 590°C의 두 차례

72) 김명철 외 1인, 『공업화학』, 녹문당(서울), pp.179 ~ 180(2012년).

73) 혹은 탄산수소포타슘, 중탄산칼륨, 중탄산포타슘, Potassium Bicarbonate라고 한다.

열분해과정을 통해 냉각소화작용이 나타난다. 또한 열분해생성물인 이산화탄소와 수증기 기체는 대기 중 산소 농도를 낮추어 질식소화효과를 나타내고, 화원으로부터 주위로 발산되는 열전달을 차단하는 작용을 한다. 또한 열분해 과정에서 생성된 칼륨이온(K^+)은 연쇄반응 활성체인 수산기(•OH)와 반응하여 이를 제거함으로써 부촉매소화작용을 나타낸다. 그러나 제1종 분말소화약제와는 달리 식용유 등의 유지화재 시 비누화반응은 매우 약하다.

$$(190^{\circ}C)\ 2\ KHCO_3(s) \rightarrow K_2CO_3(s) + H_2O(g) + CO_2(g) - 124.6\ kJ \qquad (식\ 5\text{-}3)$$

$$(590^{\circ}C)\ 2\ KHCO_3(s) \rightarrow 2\ CO_2(g) + H_2O(g) + K_2O(s) - 531.3\ kJ \qquad (식\ 5\text{-}4)$$

제2종 분말소화약제는 제1종 분말소화약제에 비해 소화성능이 높고 포겸용분말약제(CDC)로서의 용도도 있으나, 다른 분말약제에 비해 흡습률과 가격이 높고 A급 화재에 대한 소화작용이 매우 약하여 국내의 경우 생산이 없는 상태이다.

제2종 소화분말의 충전비와 겉보기비중은 각각 1 L/kg과 1 kg/L이며 표시색상은 담회색이다. 제품으로 사용되는 제2종 분말소화약제의 조성은 주성분인 탄산수소칼륨이 94 ~ 97 wt.%, 방수제인 금속스테아린산염($C1_7H_{35}COOM$)이 2 ~ 3 wt.%, 유동제인 탄산마그네슘($MgCO_3$)이 1 ~ 2 wt.%, 그 외 유동제로 운모(mica) 가루 등이 들어있다.

5-3-3 제3종 분말소화약제

제3종 분말소화약제는 실제적으로 가장 널리 이용되고 있는 분말소화약제로서 주성분은 제1인산암모늄(primary ammonium phosphate, $NH_4H_2PO_4$)[74]이다.

74) 혹은 인산이수소암모늄, 중인산암모늄, Monobasic Ammonium Phosphate, Ammonium Biphosphate, Ammonium Dihydrogen Phosphate라고 한다.

제3종 분말소화약제는 ABC급 화재에 소화능이 우수하며, A급 일반화재의 경우 표면화재 뿐만 아니라 무염화재에도 소화작용을 나타낸다. 제3종 분말소화약제의 소화작용은 분말자체의 질식작용이외도 흡열과정인 166°C와 360°C 이상에서 두 차례 열분해과정을 통해 냉각소화작용이 나타난다. 또한 열분해생성물인 암모니아와 수증기 기체는 대기 중 산소 농도를 낮추어 질식소화효과를 나타내고, 화원으로부터 주위로 발산되는 열전달을 차단하는 작용을 한다.

열분해과정에서 발생된 암모니아(NH_3)로부터 생성된 암모늄이온(NH_4^+)은 연쇄반응 활성체인 수산기(•OH)와 반응하여 이를 제거함으로써 부촉매소화작용을 나타낸다. 제3종 분말소화약제가 가지는 부촉매소화작용은 A급 일반화재의 무염화재에도 소화작용을 가지는 점이 매우 특징적이다.

또한 360°C 이상에서의 2차 열분해 과정에서 생성되는 액체 상태의 메타인산(HPO_3)은 방진소화작용을 나타낸다. 즉, 방진소화는 점성 액체 상태인 메타인산이 가연물 표면에 투명한 피막을 형성하여 화염과 산소를 차단하는 소화작용을 가리킨다. 그러나 제1종 분말소화약제와는 달리 식용유 등의 유지화재 시 비누화 반응은 전혀 없다.

또한 1차 열분해 물질인 오르토인산(orthophosphoric acid, H_3PO_4)은 종이와 목재 등의 일반가연물질에 대한 탈수작용을 진행시켜 연쇄반응 활성체인 수소활성기(•H)와 수산활성기(•OH)의 생성을 제한하는 탈수소화작용을 나타낸다.

$$(166^\circ C)\ \ NH_4H_2PO_4(s) \rightarrow NH_3(g) + H_3PO_4(s) \qquad \text{(식 5-5)}$$

$$(360^\circ C)\ \ NH_4H_2PO_4 \rightarrow NH_3(g) + H_2O(g) + HPO_3(s) - 321.7\ kJ \qquad \text{(식 5-6)}$$

또한 제3종 분말소화약제는 제2종과 마찬가지로 포겸용분말약제(CDC)로 사용할 수 있어서 분말약제가 가지는 빠른 소화작용과 포소화약제가 가지는 소화작용의 지속성을 모두 나타낼 수 있다.

그러나 제3종 분말소화약제는 주성분인 제1인산암모늄의 흡습성이 상대적으로 강하여 약제 분말 입자의 방습성이 약제 제조에 있어서 가장 중요하다. 이를 위해 일반적으로는 방습제인 실리콘오일을 인산암모늄 입자의 표면에 코팅해주는 방법이 이용되고 있다. 이 경우 코팅온도가 높으면 실리콘오일의 수지화반응시간은 짧아지나 주성분인 인산암모늄의 분해와 변질의 위험성이 있고, 반면에 온도가 낮으면 주성분의 변질은 없으나 코팅 성분의 수지화피막형성 시간이 길어진다. 그러므로 표면 코팅제인 실리콘오일을 경화제와 함께 분사하여 100°C 전후의 낮은 온도 구간에서 짧은 시간에 코팅필름을 완성하는 방법이 현실적으로 적용되고 있다.

제3종 분말소화약제는 가격에 비해 소화능과 적응성이 우수하여 ABC급 분말소화기에 사용되는 가장 대표적인 분말약제이며, 차고와 주차장 등에 설치되는 분말소화설비에 이용될 수 있는 유일한 분말약제이다.[75]

제3종 소화분말의 충전비와 겉보기비중은 각각 1.0 L/kg과 1.0 kg/L이며 표시색상은 담홍색 또는 황색이다. 제품으로 사용되는 제3종 분말소화약제의 조성은 주성분인 제1인산암모늄이 75 ~ 97 wt.%, 방습제인 실리콘오일이 0.5 ~ 1 wt.%, 유동제인 운모 가루 등이 0.5 ~ 1.0 wt.%, 그 외 피막형성 촉매제가 소량 포함되어 있다. 실리콘오일 피막형성을 위한 경화촉매 물질은 금속올레이트류(metal olate)나 금속나프테이트류(metal naphtate)가 이용되며, 금속 종류는 올레이트화합물의 경우 철(Fe)과 주석(Sn)이, 나프테이트화합물의 경우는 주석과 아연(Zn)이 사용된다.

75) 분말소화설비의 화재안전기준(NFSC 108) 제6조 ①항(2017년 7월)

제
5
장

5-3-4 제4종 분말소화약제

제4종 분말소화약제는 네 가지 분말소화약제들 중 소화능력이 가장 우수하며, 주성분은 탄산수소칼륨(sodium hydrogen carbonate, $KHCO_3$)과 요소[urea, $CO(NH_2)_2$]의 혼합물이다. BC급 화재에 대한 소화능은 제1종 분말소화약제에 비해 2.5배 정도 우수하다. 소화작용은 분말자체의 질식작용 이외에도 흡열과정인 두 차례 열분해과정[76]을 통해 냉각소화작용이 나타난다. 또한 열분해생성물인 암모니아 기체는 대기 중 산소 농도를 낮추어 질식소화효과를 나타내고, 화원으로부터 주위로 발산되는 열전달을 차단하는 작용을 한다. 열분해 과정에서 생성된 칼륨이온(K^+)은 연쇄반응 활성체인 수산기(•OH)와 반응하여 이를 제거함으로써 부촉매소화작용을 나타낸다.

$$2\ KHCO_3(s) + CO(NH_2)_2 \rightarrow 2\ NH_3(g) + 2\ CO_2(g) + K_2CO_3(s) \qquad (식\ 5\text{-}7)$$

$$2\ KHCO_3(s) + CO(NH_2)_2 \rightarrow 2\ NH_3(g) + 3\ CO_2(g) + K_2O(s) \qquad (식\ 5\text{-}8)$$

제4종 분말소화약제는 우수한 소화성능에도 불구하고 A급 화재에 대한 적응성이 없으며 가격도 높아 경제성이 없다. 국내의 경우 생산이 없는 상태이므로 조성에 관한 구체적인 자료도 없는 실정이다. 제4종 소화분말의 충전비와 겉보기비중은 각각 1.25 L/kg과 0.8 kg/L이며 표시색상은 회색이다.

---

76) 김영수 외 6인, 『최신소방약제화학』, 신광출판사(서울), 2판, p.254(2006).

5-4 분말소화약제의 저장과 방출

5-4-1 분말소화약제의 저장

분말소화약제의 저장은 소화기와 소화설비에 분말소화약제를 보관하는 것으로서 고체 분말 상태의 약제분사를 위해 필요한 가압원 기체가 필요하다. 분출압력을 제공하는 압력원 기체로는 질소와 이산화탄소가 사용되며[77], 저장용기 내에 가압용 기체가 함께 들어있는 축압식과 약제저장용기 외부에 별도의 가압용 기체 용기를 부착한 가압식이 있다.

분말소화약제의 저장용기는 다음과 같은 조건을 만족해야 한다.[78]

저장용기는 방호구역 외의 장소에 설치해야 하며, 방호구역 내에 설치할 경우 피난구 부근에 설치해야 한다. 저장용기의 보관 장소는 온도변화가 심하지 않으며 최고 온도가 40°C 이하인 곳이어야 하고, 직사광선이나 빗물이 침투할 우려가 없는 곳으로서 방화문으로 구획된 곳이어야 한다. 저장용기가 설치된 곳은 용기 표시의 표지를 해야 하며 저장용기간 간격은 점검을 위해 3 cm 이상을 유지하고 연결배관에는 체크밸브를 설치해야 한다.

소화약제 1 kg당 저장용기의 내용적은 제1종 분말이 0.8 L, 제2종 분말은 1 L, 제3종 분말은 1 L, 제4종 분말은 1.25 L이어야 한다. 또한 저장용기에는 안전밸브를 설치하되 가압식은 최고사용압력의 1.8배 이하, 축압식은 용기 내압시험압력의 0.8배 이하에서 작동하는 것이어야 한다. 또한 저장용기에는 저장용기의 내부압력이 설정압력에 도달했을 때 주밸브를 개방하는 정압작동장치를 설치하여야 하며, 저장용기의 충전비는 0.8 이상이어야 한다. 그리고 저장용기 및 배관에는

77) 분말소화설비의 화재안전기준(NFSC 108) 제5조 ④항 1호(2017년 7월)

78) 분말소화설비의 화재안전기준(NFSC 108) 제4조(2017년 7월)

잔류 소화약제를 처리할 수 있는 청소장치를 설치하여야 하며, 축압식 분말소화설비는 사용압력의 범위를 표시한 지시압력계를 설치해야 한다.

분말소화약제의 분사를 위한 가압용 가스용기에 관한 조건은 다음과 같다.[79]

가스용기는 약제 저장용기에 접속하여 설치하여야 하며, 가스용기의 개수가 3병 이상인 경우에는 2개 이상의 용기에 전자개방밸브를 부착해야 한다. 또한 가스용기에는 2.5 MPa 이하의 압력에서 조정이 가능한 압력조정기를 설치하여야 하며 가압용가스 혹은 축압용가스는 질소가스 또는 이산화탄소이어야 한다. 가압용의 경우 질소가스는 소화약제 1 kg당 40 L 이상, 이산화탄소는 소화약제 1 kg당 20 L 이상이 있어야 하며, 배관의 청소에 필요한 양을 가산하되 이 양은 별도의 용기에 저장하여야 한다.

5-4-2 분말소화약제의 방출

분말소화약제설비의 분사헤드 약제방출방식은 전역방출방식, 국소방출방식 그리고 호스릴방식이 있다.

전역방출방식은 고정식 분말소화약제 공급장치에배관 및 분사헤드를 설치하여 밀폐 방호구역 내에 분말소화약제를 방출하는 설비를 말하며, 기준 약제저장량을 30초 이내에 방사할 수 있어야 한다.

국소방출방식은 고정식 분말소화약제 공급장치에배관 및 분사헤드를 설치하여 직접 화소에 분말소화약제를 방출하는 설비로서 화재발생 부분에만 집중적으로 소화약제를 방출하도록 한 방식이며, 소화약제의 방사에 따라 가연물이 비산하지 않는 장소에 설치해야 하고 기준 약제저장량을 30초 이내에 방사할 수 있어야 한다.

호스릴방식은 분사헤드가 배관에 고정되어 있지 않고 소화약제 저장용기에 호스를 연결하여 사람이 직접 화점에 분말소화약제를 방출하는 이동식 소화설비이

79) 분말소화설비의 화재안전기준(NFSC 108) 제5조(2017년 7월)

다. 호스릴방식을 설치할 수 있는 장소는 화재 시 연기가 현저히 찰 우려가 없는 곳으로서 다음의 조건들 중 한 가지를 만족하는 곳이다. 첫째는 지상 1층 및 피난층에 수동 또는 원격조정에 의해 개방할 수 있는 개구부가 있고, 그 유효면적의 합이 바닥면적의 15% 이상이 되는 곳이다. 둘째는 전기설비가 되어 있거나 다량의 화기를 사용하는 부분의 바닥 면적이 해당 구획 바닥면적의 5분의 1 미만인 곳이다.

그리고 호스릴방식의 운용은 다음과 같은 조건을 만족하여야 한다.[80]

방호대상물의 각 부분으로부터 하나의 호스접결구까지의 거리는 15 m 이하이어야 하며, 약제저장용기의 개방밸브는 호스릴의 설치장소에서 수동으로 개폐할 수 있어야 한다. 또한 약제저장용기는 호스릴을 설치하는 장소마다 설치하여야 하며, 노즐은 분당 약제방사량으로 제1종 분말은 45 kg, 제2종 분말 또는 제3종 분말은 27 kg, 제4종 분말은 18 kg을 방출할 수 있어야 한다. 그리고 약제저장용기에는 보기 쉬운 곳에 적색등을 설치하여 이동식분말소화설비가 있음을 표지하여야 한다.

5-4-3 분말소화약제의 저장량(국가화재안전기준)

분말소화약제의 소화설비 내 기준 저장량은 일반 방호대상물의 경우 국가화재안전기준[81]에, 위험물의 제조 및 보관 시설의 경우는 위험물안전관리법[82]에 규정되어 있다. 기준 약제저장량은 약제방출방식, 화재의 형태, 방호대상물의 종류, 그리고 분말소화약제의 종류에 따라 산정방법이 다르다. 실제로 분말소화설비의 운용 시 저장되어야 할 분말소화약제량은 기준 산정량 이상이어야 한다.

---

80) 분말소화설비의 화재안전기준(NFSC 108) 제11조 ④항(2017년 7월)
81) 분말소화설비의 화재안전기준(NFSC 108) 제6조 ②항(2017년 7월)
82) 위험물안전관리법 세부기준 제136조 3호

5-4-3-1 전역방출방식 일반화재(NFSC)

분말소화약제의 저장량 산정은 가스계 소화약제의 경우와 유사하여 방호구역의 체적(V)과 방호구역 내 개구부의 면적(A)에 비례한다. 즉, 일반화재 시 전역방출방식의 분말소화설비 내 저장되어 있어야 할 분말소화약제의 양(Q)은 방호구역의 단위체적당 필요한 소화약제별 기본량(체적인자, K_1)에 방호구역의 체적(V)을 곱한 값과 자동개폐장치가 없는 개구부의 단위면적당 필요한 소화약제별 추가량(개방인자, K_2)에 개구부 면적을 곱한 값을 합한 값이다.

$$Q(kg) = V(m^3) \cdot K_1(kg/m^3) + A(m^2) \cdot K_2(kg/m^2) \qquad (식\ 5\text{-}9)$$

표 5-2 전역방출방식 분말소화약제설비의 체적인자와 개방인자

소화약제의 종별	체적인자(K_1, kg/m^3)	개방인자(K_2, kg/m^2)
제1종 분말	0.60	4.5
제2종 분말, 제3종 분말	0.36	2.7
제4종 분말	0.24	1.8

예제 5-1 체적이 100 m^3인 방호구역 내 자동개폐장치가 없는 환기구의 총 면적이 10 m^2이다. 전역방출방식의 분말소화설비에 필요한 제3종 분말소화약제의 저장량은 몇 kg 이상인가?

풀이 (식 5-9)와 〈표 5-2〉를 이용하여 계산한다.

$$Q(kg) = (V)(m^3) \cdot K_1(kg/m^3) + A(m^2) \cdot K_2(kg/m^2)$$
$$= 100(m^3) \cdot 0.36(kg/m^3) + 10(m^2) \cdot 2.7(kg/m^2)$$
$$= 63\ kg$$

정답 63 kg

5-4-3-2 국소방출방식 입체화재(NFSC)

입체화재는 구획된 방호구역 전체 공간에 대한 화재를 대상으로 한 것이어서 국소방출방식 분말소화약제설비 내 소화약제의 저장량(Q)은 방호공간의 체적(V)과 약제할증계수(h), 그리고 방호공간 단위부피당 약제량을 나타내는 체적인자(K)의 곱으로 결정된다. 약제할증계수(h)는 분말약제의 분사 시 소화작용에 참여하지 못하는 약제량을 보정하기 위한 의미이며 분말소화약제의 경우 약제의 종류와 무관하게 1.1을 적용한다.

$$Q(kg) = V(m^3) \cdot K(kg/m^3) \cdot h \quad (단,\ h는\ 1.1) \qquad (식\ 5\text{-}10)$$

여기서 체적인자(K)는 방호공간의 단위체적당 필요한 약제량(kg/m^3)을 의미하며 방호공간의 벽면적(A)과 방호대상물 주위 벽면적(a)에 의해 다음과 같이 계산된다.

$$K = X - Y \cdot \frac{a}{A} \qquad (식\ 5\text{-}11)$$

K : 방호공간 단위체적당 약제량(kg/m^3)
X, Y : 소화약제별 방출인자 결정계수
a : 방호대상물 주위 벽면적(m^2)
A : 방호공간의 표면적(m^2)

표 5-3 분말소화약제의 체적인자 결정계수(K_1, K_2)

소화약제의 종별	X	Y
1종 분말	5.2	3.9
2종 분말, 3종 분말	3.2	2.4
4종 분말	2.0	1.5

방호공간은 앞에서 설명한 바와 같이(4-2-2 참조) 방호대상물로부터 0.6 m 이격된 면으로 이루어진 내부공간을 의미하므로 방호공간의 벽면적(A)은 천정과 바닥을 제외한 방호공간의 네 개 벽면적을 합한 값이다. 그러나 방호대상물 주위 벽면적(a)은 방호대상물로부터 0.6 m 이내 위치한 벽면들 중 바닥과 천정을 제외한 네 면의 표면적을 합한 값이다. 방호공간의 벽면적(A)은 벽면의 실체와 무관하게 가상적으로 정한 수치이나 방호대상물 주위 벽면적(a)은 벽면이 실제로 존재하지 않을 경우 0으로 계산한다. 방호대상물 주위 0.6 m 이내에 실제로 벽면이 존재하면 (식 5-11)에서 K값은 주위 벽면이 없는 경우에 비해 작아지게 된다. 즉, 방호대상물로부터 0.6 m 이내에 벽이 있으면 소화에 필요한 약제량은 감소한다.

예제 5-2 방호구역 내 가로, 세로, 높이가 모두 1 m인 방호대상물이 있고 방호대상물 주위 60 cm 이내 존재하는 벽면적의 합은 4 m^2이다. 국소방출방식의 분말소화약제설비로 입체화재를 대비한다면 필요한 제3종 분말소화약제의 저장량은 몇 kg 이상인가? (소수점 아래 두 자리까지만)

풀이 (식 5-10)을 이용하기 위해 먼저 방호공간의 벽면적(A)을 구한다.

세 변이 모두 1 m인 정육면체로부터 바닥을 제외한 옆과 위로 0.6 m 씩 연장된 방호공간은 가로, 세로, 높이가 각각 2.2 m, 2.2 m, 1.6 m이고 부피가 7.744 m^3인 직육면체이다.

그러므로 방호공간 네 옆면적의 합(A)은 네 개의 2.2 m × 1.6 m이다.

따라서 $A = 4 \times 2.2\ m \times 1.6\ m = 14.08\ m^2$

주위 벽면적(a)이 4 m^2이므로 (식 5-11)과 〈표 5-3〉을 이용하여 체적인자(K)를 구한다.

$$K = 3.2 - 2.4(a/A)$$
$$= 3.2 - 2.4(4\ m^2/14.08\ m^2)$$
$$\fallingdotseq 2.52$$

(식 5-10)을 이용하여 약제 저장량을 계산하면

$$Q(kg) = V(m^3) \cdot K(kg/m^3) \cdot h$$
$$= 7.744\ (m^3) \cdot 2.52\ (kg/m^3) \cdot 1.1$$
$$\fallingdotseq 21.45\ kg$$

정답 21.45 kg

5-4-3-3 호스릴방식(NFSC)

호스릴방식의 분말소화약제설비에 필요한 약제 저장량(Q)은 노즐의 개수(N)에 노즐당 약제저장량을 의미하는 방출인자(K)를 곱한 값이다. 방출인자(K)는 〈표 5-4〉에 수록되어 있으며, 분말소화설비에서 실제적인 방사량은 저장량의 90%이다.

$$Q = 노즐의\ 개수(N) \times 노즐당\ 약제저장량(K) \qquad (식\ 5\text{-}12)$$

표 5-4 분말소화약제의 노즐당 약제 저장량(K)

소화약제의 종별	노즐당 약제량(K, kg)
제1종 분말	50
제2종 분말, 제3종 분말	30
제4종 분말	20

5-4-4 분말소화약제의 저장량(위험물안전관리법)

위험물 제조 및 보관 시설에 대한 분말소화약제설비의 약제 저장량은 일반 방호물의 경우(국가화재안전기준)와 유사하나 위험물의 종류에 따라 추가되어야 할 약제량을 반영한 소화약제계수(N)를 더 곱해주어야 하는 점이 다르다.

5-4-4-1 전역방출방식(위험물안전관리법)

위험물안전관리법에서의 분말소화약제의 저장량 산정은 일반 방호대상물의 경우와 동일하게 방호구역의 단위체적당 소화약제량(체적인자, K_1), 방호구역의 체적(V), 개구부의 단위면적당 소화약제별 추가량(개방인자, K_2), 개구부 면적에 의해 결정되며, 여기에 위험물의 종류에 따른 소화약제계수[83]를 곱해주어야 한다.

$$Q(kg) = [V(m^3) \cdot K_1(kg/m^3) + A(m^2) \cdot K_2(kg/m^2)] \times N \qquad (식\ 5\text{-}13)$$

표 5-5 분말소화약제 설비의 소화약제계수(N)

위험물질명	소화약제계수	위험물질명	소화약제계수
1. 아크릴로니트릴	1.2	28. 디에틸아민	1.1
2. 아세트알데히드	-	29. 디에틸에테르	1.0
3. 아세트니트릴	1.0	30. 디옥산	1.1
4. 아세톤	1.0	31. 중유	1.1
5. 아닐린	1.0	32. 윤활유	1.1
6. 이소옥탄	1.1	33. 테트라히드로푸란	1.0
7. 이소프렌	1.1	34. 등유	1.0
8. 이소프로필아민	1.1	35. 트리에틸아민	1.0
9. 이소프로필에테르	1.1	36. 톨루엔	1.0
10. 이소헥산	1.1	37. 나프타	1.1
11. 이소헵탄	1.1	38. 채종유(菜種油)	-
12. 이소펜탄	1.1	39. 이황화탄소	1.1
13. 에탄올	1.2	40. 비닐에틸에테르	1.1
14. 에틸아민	1.1	41. 피리딘	-
15. 염화비닐	(1.0)	42. 부탄올	1.2

83) 위험물안전관리법 세부기준 별표 2

표 5-5 분말소화약제 설비의 소화약제계수(N)(계속)

위험물질명	소화약제계수	위험물질명	소화약제계수
16. 옥탄	1.0	43. 프로판올	1.0
17. 휘발유	1.0	44. 2-프로판올	1.1
18. 개미산에틸	1.2	45. 프로필아민	1.1
19. 개미산프로필	1.0	46. 핵산	1.2
20. 개미산메틸	1.1	47. 헵탄	1.0
21. 경유	1.0	48. 벤젠	1.2
22. 원유	1.0	49. 펜탄	1.4
23. 초산	1.0	50. 메탄올	1.2
24. 초산에틸	-	51. 메틸에틸케톤	1.0
25. 초산메틸	1.1	52. 모노클로로벤젠	(1.0)
26. 산화프로필렌	1.0	53. 그 밖의 것	1.1
27. 시클로헥산	1.0		

* "-" 표시는 분말약제 사용불가
"( )" 표시는 제3종 분말약제만 사용 가능

예제 5-3 가로, 세로, 높이가 각각 4 m, 3 m, 2 m이고 자동개폐장치가 없는 개구부의 면적이 총 5 m^2인 방호구역에 아크릴로니트릴이 보관되어 있다. 여기에 설치된 분말소화약제설비 내 제3종 분말소화약제의 저장량은 최소 몇 kg인가?

풀이 〈표 5-5〉에서 아크릴로니트릴의 소화약제계수는 1.2, 〈표 5-2〉에서 K_1과 K_2는 각각 0.36과 2.7이므로 (식 5-13)에 대입하면

$$Q(kg) = [V(m^3) \cdot K_1(kg/m^3) + A(m^2) \cdot K_2(kg/m^2)] \times N$$
$$= [24(m^3) \cdot 0.36(kg/m^3) + 5(m^2) \cdot 2.7(kg/m^2)] \times 1.2$$
$$= 26.568 \text{ kg}$$

정답 26.568 kg

5-4-4-2 국소방출방식 평면화재(위험물안전관리법)

액체 위험물이 개방된 용기에 보관되는 경우와 같이 화재 시 연소면이 한 면이며 위험물의 비산 위험이 없는 형태의 화재를 평면화재라고 한다. 위험물시설에서의 평면화재에 대비한 국소방출방식 분말소화약제설비 내 약제 저장량(Q)은 방호구역의 표면적(S)과 단위면적당 소화약제별 기본량을 의미하는 방출인자(K)에 비례하고 위험물 소화약제계수(N)와 약제 할증계수(h)를 곱한 값으로 결정된다. 방호구역 단위면적당 소화약제별 기본량(K)은 〈표 5-6〉에 수록되어 있으며, 분말소화약제의 할증계수는 항상 1.1이다.

$$Q(kg) = [S(m^2) \cdot K(kg/m^2) \cdot h(=1.1)] \times N \qquad (식\ 5\text{-}14)$$

표 5-6 국소방출방식 평면화재의 분말약제 기본량(K)

소화약제의 종별	K(kg/m^2)
제1종 분말	8.8
제2종 분말, 제3종 분말	5.2
제4종 분말	3.6

5-4-4-3 국소방출방식 입체화재(위험물안전관리법)

입체화재는 구획된 방호구역 전체 공간에 대한 화재를 대상으로 한 것이어서 위험물 시설에 대한 국소방출방식 분말소화약제설비 내 소화약제의 저장량(Q)은 일반 방호대상물과 산정방법은 동일하며, 다만 위험물의 종류에 따라 소화약제계수(N)를 더 곱해주면 된다. 약제할증계수(h)는 분말약제의 분사 시 소화작용에 참여하지 못하는 약제량을 보정하기 위한 의미이며 분말소화약제의 경우 약제의 종류와 무관하게 항상 1.1을 적용한다.

$$Q(kg) = [V(m^3) \cdot K(kg/m^3) \cdot h] \times N \quad (\text{단, h는 } 1.1) \qquad (\text{식 } 5\text{-}15)$$

여기서 체적기본량(K)은 방호공간의 단위체적당 필요한 약제량(kg/m^3)을 의미하며 방호공간의 벽면적(A)과 방호대상물 주위 벽면적(a)에 의해 다음과 같이 표현된다.

$$K = X - Y \cdot \frac{a}{A} \qquad (\text{식 } 5\text{-}16)$$

K : 방호공간 단위체적당 약제량(kg/m^3)
X, Y : 소화약제별 방출인자 결정계수
a : 방호대상물 주위 벽면적(m^2)
A : 방호공간의 표면적(m^2)

(식 5-16)에 필요한 X, Y 값은 〈표 5-3〉과 동일하다.

5-4-4-4 이동식(위험물안전관리법)

위험물 시설에 대한 이동식 분말소화약제설비에 필요한 약제 저장량(Q)은 일반 방호대상물과 동일하며, 노즐의 개수(N)에 노즐당 약제저장량을 의미하는 방출인자(K)를 곱한 값이다. 방출인자(K)는 〈표 5-4〉에 수록되어 있으며, 분말소화설비에서 실제적인 약제 방사량은 저장량의 90%를 1분간 방사하는 양이다.[84)]

$$Q = \text{노즐의 개수}(N) \times \text{노즐당 약제 저장량}(K) \qquad (\text{식 } 5\text{-}12)$$

84) 위험물안전관리법 세부기준 제136조 5호

연습문제

01 제1인산암모늄의 화학식은?

02 분말소화약제 입자의 유동성을 나타내는 척도와 결정요소는?

03 분말소화약제의 대표적 소화작용 3가지는?

04 가로, 세로, 높이가 각각 3 m, 5 m, 2 m인 방호대상물의 주위 1 m안에는 벽이 전혀 없으며 연소 형태는 입체화재이다. 국소방출방식으로 분사되는 분말소화약제설비 내 제3종 분말소화약제의 저장량은 최소 몇 kg이 필요한가?

05 제3종 분말소화약제가 들어있는 호스릴방식의 분말소화약제설비에서 노즐의 개수가 세 개일 경우 필요한 약제 저장량은 몇 kg인가?

06 방진소화작용을 나타내는 분말소화약제의 종류는?

07 표면적이 총 50 m^2인 방호구역 내 나프타(naphtha)가 들어 있다. 평면화재를 대비한 국소방출방식의 분말소화약제설비에 필요한 제3종 분말소화약제의 저장량은 몇 kg 이상인가?

08 포겸용분말약제(CDC)의 장점은?

09 제3종 분말소화약제 제조 시 첨가제로 들어가는 금속올레이트(metal olate)의 기능은?

10 노즐의 개수가 2개인 이동식 분말소화약제설비 내 제3종 분말소화약제의 분당 방사량은 몇 kg 이상인가?

제 6 장

소화기구와 자동소화장치

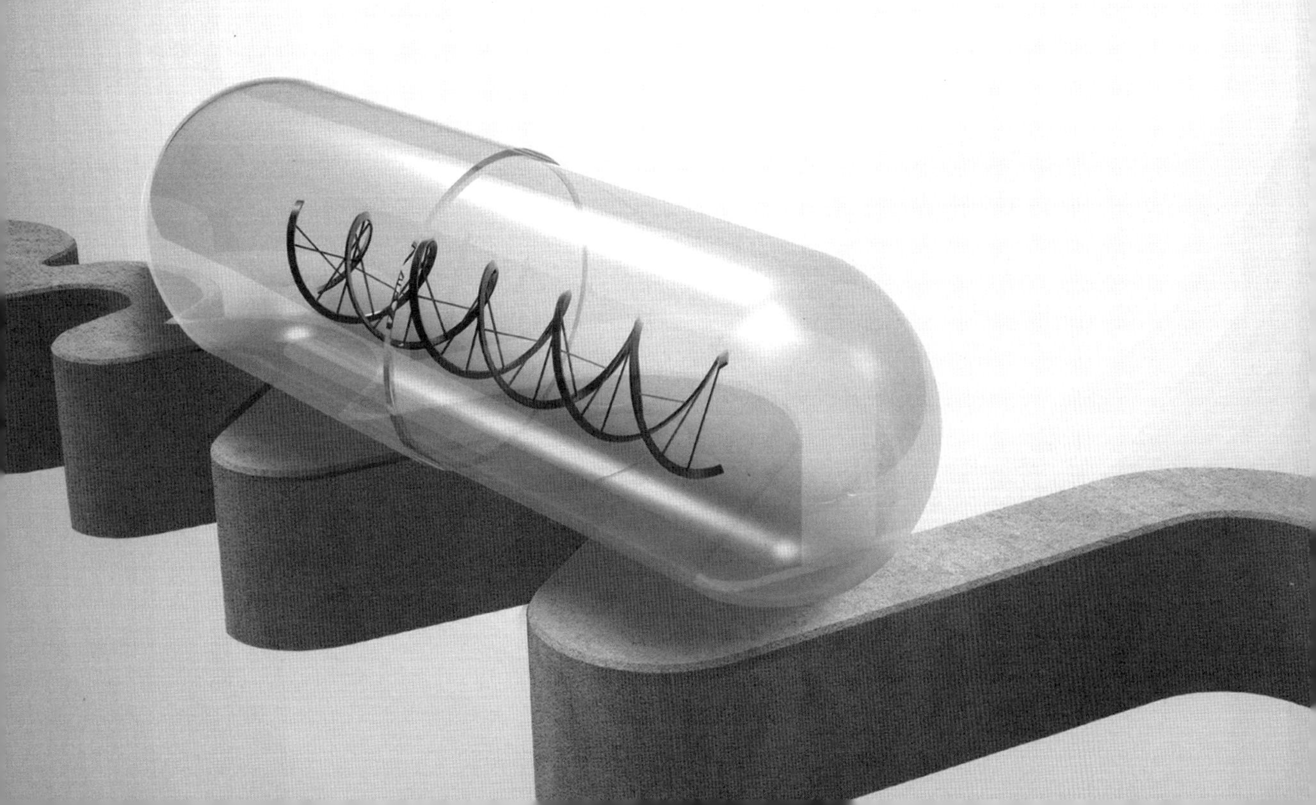

6-1 소화기구

소화기구는 소화를 목적으로, 소화약제를 사용하는 기구와 장치들이다. 소화기구의 대표적인 예는 소화기이며, 크기와 약제의 성분에 따라 다양한 종류가 있다. 소화기구의 소화능력은 능력단위로 표현한다.

6-1-1 능력단위

능력단위는 관련법규에 따라, 규정된 방법으로 공인기관(한국소방산업기술원)에서 시험한 결과를 형식승인 된 수치로 나타낸 것을 말한다. 능력단위는 주로 소화기의 소화능력을 나타내는 수치이며, 그 수치가 클수록 소화능력도 강하다. 그러므로 소화기의 표면에 반드시 이를 표기해야하며, A급 화재와 B급 화재를 구분하여 능력단위를 나타낸다. 소형소화기는 능력단위가 1 이상이며, 대형소화기의 경우 A급 소화기는 10단위 이상, B급 소화기는 20단위 이상이다.[85)]

A급 1단위 경우의 소화시험은 규정 규격의 건조된 소나무와 오리나무 90개를 격자형으로 쌓고, 1.5 L의 휘발유를 부어 연소를 시작한 뒤 3분 경과된 시점에서의 완전소화 가능한 능력을 의미한다. 이 경우 소화 후 2분 이내 재연소가 발생하지 않아야 한다. A급 2단위는 동일한 방법에서 나무의 개수가 144개, 휘발유의 양이 3 L라는 점이 다르다.

6-1-2 소화기

소화기는 압력을 이용하여 물이나 소화약제를 방사하는 소화기구이다. 그러므로 기계를 이용한 장치나 손으로 투척하는 소화용구는 제외한다.

---

85) 소화기구 및 자동소화장치의 화재안전기준(NFSC 101) 제3조 1호(2018년 11월)

소화기의 종류는 충전된 소화약제의 성분에 따른 분류 이외도, 능력단위에 따라서는 소형소화기와 대형소화기로 나누며, 가압방식에 따라서는 축압식과 가압식, 약제분출방법에 따라서는 수동식과 자동식으로 구분한다.

축압식 소화기는 소화기 내 약제를 분출시키는데 필요한 압력을 소화기 본체 내에 평상시에도 고압상태로 들어있는 압축가스에 의해 제공하는 형태이므로, 압력유지 여부의 확인을 위한 압력계가 부착되어 있다. 축압식 압력계의 최고 허용압은 0.98 MPa이다. 그러나 가압식 소화기는 소화약제의 방출시 필요한 압력을 소화기 내 별도의 압력용기에 보관하고, 필요 시 작동판을 파괴하여 순간적으로 압력을 제공하는 방식이다. 따라서 가압식 소화기에는 압력게이지가 없다는 점이 특징적이다.

표 6-1 대형소화기의 소화약제 충전량

소화기의 종류	충전량
물 및 화학포 소화기	80 L
강화액 소화기	60 L
포 소화기	20 L
이산화탄소 소화기	50 kg
할로겐화합물 소화기	30 kg
분말 소화기	20 kg

6-2 자동소화장치

자동소화장치는 소화약제를 자동으로 방사하는 고정된 소화장치로서, 관련기관의 형식승인을 받은, 유효설치범위 이내의 기구를 의미한다.

6-2-1 주방용자동소화장치

주방용자동소화장치는 주택 내 주방 공간에 설치하는 소화장치로서 가연성가스의 누출을 자동적으로 차단하며, 화재 발생 시 소화약제를 자동적으로 방사하는 기능을 가지고 있다. 형식승인 및 검정기준에서는 "가연성가스의 누출이나 화재 발생 시 경보를 발하고 가연성가스의 누출을 자동으로 차단하여야 하며, 화재발생 시 소화약제를 자동적으로 방출시켜 화재를 소화하는 기기를 말한다"라고 정의된다.

주방용자동소화장치는 아파트의 각 세대별 주방이나 30층 이상 오피스텔의 각 실별 주방에 의무적으로 설치되어 있으며, 소화기 본체 이외, 열이나 불꽃을 감지하는 감지부, 가스 누출을 탐지하는 탐지부, 발신부로부터의 신호를 수신하여 경보를 발하고 작동장치에 제어신호를 발신하는 수신부, 수신부로부터의 신호에 따라 솔레노이드밸브를 이용하여 원격적으로 가스밸브를 자동으로 차단하는 가스차단장치, 소화약제를 방출하는 방출구 등으로 구성되어 있다.

6-2-2 캐비넷형자동소화장치

캐비넷형자동소화장치는 화재로 인해 발생된 열이나 연기 또는 불꽃을 스스로 감지하여 소화약제를 방사하는 캐비넷 형태의 자동소화장치이다. 캐비넷형자동소화장치는 방호구역 내 천정 또는 옥내에 면하는 부분에 설치된 화재감지기의 감지에 따라 작동된다. 소화장치 내 소화약제를 방사하는 분사헤드의 높이는 방호구역 바닥으로부터 0.2 ~ 3.7 m 사이에 위치하여야 하고, 소화약제의 중량은 200 kg 이하이며, 개구부 및 통기구가 있는 경우에는 소화약제가 방사되기 전에 해당 개구부 및 통기구를 자동으로 폐쇄할 수 있도록 설치되어야 한다.

캐비넷형자동소화장치는 감지부, 방출구, 소화약제저장용기, 수신장치, 작동장치로 구성되며, 제조사에 의해 방사압력과 약제량을 결정되어 있다는 점이 일반적인 전역방출방식의 가스계소화설비와 다른 점이다.

6-2-3 가스식자동소화장치

가스식자동소화장치는 밀폐된 소공간에서 화재로 인해 발생된 열이나 연기 또는 불꽃을 스스로 감지하여, 가스계 소화약제를 방사하는 자동소화장치이다.

가스식자동소화장치는 전력선이나 배전반 등과 같이 소규모의 공간에서 발생되는 화재를 소화하기 위한 목적으로 운용되며, 소화기의 밸브가 개방되면서 용기내 소화약제가 방사되는 직접분사식과 소화약제의 방출이 별도의 배관에 연결된 노즐을 통해 방사되는 간접분사식이 있다.

6-2-4 분말식자동소화장치

분말식자동소화장치는 가스식자동소화장치와 동일하나 소화약제가 분말소화약제라는 점이 차이점이다. 즉, 분말식자동소화장치는 화재로 인해 발생된 열이나 연기 또는 불꽃을 스스로 감지하여, 분말상태의 소화약제를 방사하여 소화하는 자동소화장치이다.

6-2-5 고체에어로졸식자동소화장치

고체에어로졸식자동소화장치는 화재로 인해 발생된 열이나 연기 또는 불꽃을 스스로 감지하여, 고정된 방출구를 통해 에어로졸 상태의 소화약제를 방사하여 소화작용을 나타내는 자동소화장치이다.

본체의 구성은 고체에어로졸을 발생시키는 에어로졸발생기, 열이나 연기 혹은 불꽃을 감지하는 감지부, 화재 경보를 발하고 작동장치에 신호를 보내는 제어부,

고체에어로졸을 활성화시켜 생성시키는 작동장치로 구분된다.

가스식, 분말식, 고체에어로졸식 자동소화장치의 경우, 각각은 방호구역 내 형식승인된 1개의 제품을 설치해야 하며, 소화약제 방출구와 감지부는 형식승인된 유효설치 범위 내에 설치되어야 한다.

6-2-6 자동확산소화장치

자동확산소화장치는 화재 발생 시 화염이나 열을 따라서 소화약제가 확산되어, 국소적으로 소화하는 자동소화장치이다.

6-3 간이소화용구

간이소화용구는 소화기 및 자동소화장치를 제외한 소화용구로서, 소화능력단위가 1이하인 것을 가리킨다. 소화능력이 약하므로 화재발생 초기에 한하여 소화능력이 유효하며, 대부분 1회용으로 사용되는 보조소화용구이다.

대표적인 종류로는 투척식소화용구, 에어로졸식소화용구, '소화약제외의 것을 이용한 소화용구'로 구분된다.

6-3-1 투척식소화용구

투척식소화용구는 화재 발생 시 사람의 손으로 던져서 소화작용을 나타내는 소화용구로서, 깨어지기 쉬운 경질유리 또는 합성수지로 만들어져 있다. 내부의 소화약제는 주로 요소, 암모늄염, 알칼리금속염, 알칼리토금속염 등이 들어 있다. 보관함에 보관하여 보관 시 충격에 의한 파손에 주의해야 하며 직사광선이나 고온 다습한 장소를 피하여 보관해야 한다.

투척식소화용구(소화탄)의 중량은 약제와 용기의 무게를 합한 총 중량이 1.3 kg 이하이어야 하며, 4개 이하를 동시에 사용했을 경우의 능력단위가 1단위 이상이어야 한다.

6-3-2 에어로졸식소화용구

에어로졸식소화용구는 사람의 조작에 따라 압력에 의해 소화약제가 방출되는 1회용 소화용구로서, 압력에 의해 소화약제가 에어로졸 형태로 분사된다. 소화약제의 중량은 0.7 kg 미만이며 Halon 1211이 주된 소화약제로 충전되지만, 분말소화약제 또는 강화액 소화약제나 침윤제 등이 소화약제로 사용되기도 한다.

6-3-3 소화약제 외의 것 이용 간이소화용구

'소화약제 외의 것 이용 간이소화용구'는 소화약제로서 품질인정된 물질이 아닌 것을 소화활동에 이용하는 것을 가리킨다. 대표적인 종류로서 팽창질석(expanded vermiculite), 팽창진주암(expanded pearlite), 마른 모래(dry sand)가 있다.

6-3-3-1 팽창질석

팽창질석은 규산염점토광물의 한 종류이며, 양이온교환능력이 크고, 가열시 부피팽창률이 다른 고체에 비해 현저히 크다. 부피의 팽창은 격자층이나 다공성 구조 내 존재하는 물이 수증기로 변환됨에 따른 결과이며, 최대 20 ~ 30배로 증가한다. 물질의 특성중 소화작용과 관련된 성질로는 화학적으로 독성도 없고, 흡수성도 강하며, 흡열에 따른 큰 부피팽창률 등을 들 수 있다.

6-3-3-2 팽창진주암

팽창진주암은 다공성 유리질 천연암석인 진주암을 분쇄한 흰색의 분말이다. 화재 시 1000℃ 정도의 열을 받으면 부피가 15 ~ 20배로 팽창하는 큰 부피팽창성과 단열성으로 인해 소화작용을 나타낸다.

팽창질석과 팽창 진주석 각각의 한 포대(160 L)당 소화능력은 1단위이다.

6-3-3-3 마른 모래

습기가 없는 마른 모래는 삽과 함께 비치되어 소화용구로 이용된다. 삽이 비치된 마른 모래 한 포대(50 L)의 소화능력은 0.5단위이다.

연습문제

01 소화기의 능력단위란?

02 B급 화재에 사용되는 대형소화기의 능력단위는?

03 압력게이지가 부착된 소화기의 종류는?

04 대형 분말소화기의 소화약제량은?

05 주방용자동소화장치에서 감지부와 탐지부의 차이점은?

06 캐비넷형자동소화장치와 일반적 가스계소화설비의 차이점은?

07 고체에어로졸식자동소화장치의 본체 구성은?

08 화재 발생 시 화염이나 열을 따라서 소화약제가 확산되어, 국소적으로 소화하는 자동소화장치는?

09 투척식소화용구의 제한 총중량은?

10 소화약제를 이용하지 않는 간이소화용구는?

연습문제 해답

제 1 장

1. 화합물이라는 말로서 "두 종류 이상의 원소로 구성된 분자"를 가리킨다.
2. 용액
3. 물 < 할론1211 < 할론1301 < 할론2402
4. 플루오르(F) < 염소(Cl) < 브롬(Br) < 요오드(I)
5. 붕소(B), 규소(Si), 게르마늄(Ge), 비소(As), 안티몬(Sb), 텔루륨(Te), 아스타틴(At)
6. a) 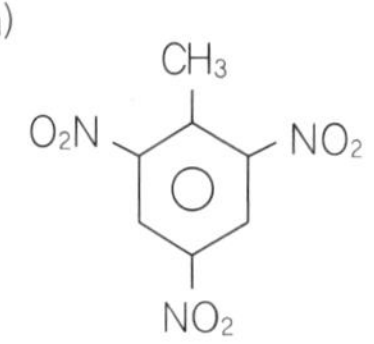

   b) 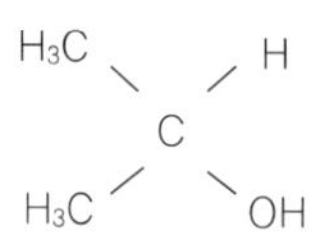

   c) 과염소산(Perchloric acid) d) 1,3 - Butadiene
7. "한 분자 내 친수성기와 소수성기를 동시에 가진 유기화합물"이며, 기계포소화약제에 가장 많이 사용된다.
8. 0.00032 M
9. 표 1-3 참조
10. 5 ppm

제2장

1. 연소는 가연물이 공기 중의 산소와 빠르게 산화되는 반응으로서 열과 빛을 동반한다.
   화재는 원치 않는 연소 현상으로서 인간의 신체나 재산상의 피해를 동반한다.
2. 〈표 2-1 기체 가연물의 폭발범위〉 참조
3. 화학(반응)열, 기계열, 전(기)열
4. 연쇄개시(단계), 연쇄전파(단계), 연쇄종결(단계)
   반응 예는 (식 2-1) ~ (식 2-12) 참조
5. 숙박시설 < 병원 < 사무실 < 가정용 주택 < 상업용 공간 < 도서관 < 창고
6. 가연물이 연소를 지속할 수 있는 각각의 특정 산소 농도를 한계산소지수(limited oxygen index, LOI) 또는 한계산소농도(limited oxygen concentration, LOC)라고 한다. 또한 이와 관련하여 연소가 처음 시작할 수 있을 산소 농도를 구분하여 최저산소농도(minimum oxygen for combustion, MOC)라고 한다.
   〈표 2-2 가연물들의 한계산소지수〉 참조
7. 〈그림 2-1 할로겐 원소들의 부촉매소화작용〉 참조
8. 유화소화는 유류화재에서 저장 용기 윗면의 화염을 유화층(emulsified layer)을 통해 가연물인 유류와 화염을 격리하는 소화법이다. 제4류 위험물인 인화성 액체들 중 제3석유류인 중유와 같이 비중이 큰 액체의 저장탱크에 화재가 발생했을 경우, 유화작용이 있는 계면활성제를 분무하여 가연물 액체 표면에 유화층을 형성하여 소화하는 방법이다.
9. 방진소화는 연소가 진행되고 있는 가연물의 표면에 분사된 소화약제가 분해되어 생성한 비가연성 고형질 피막을 통해 가연물로부터 화염과 공기 중 산소를 격리시키는 소화법이다. 그러므로 방진소화는 주변에 점화원이 존재하더라도 재착화의 가능성이 없다는 점이 특징이다.

10. 탈수(dehydration)소화는 가연물 내 물을 제거하여 연쇄반응 활성화물의 생성을 억제하는 방법이다. 즉, 수소라디칼(•H)과 수산화라디칼(•OH)을 생성시키는 물을 제거함으로써 연쇄반응의 진행을 제한하는 소화법이다. 대표적인 소화약제는 제1인산암모늄(ammonium dihydrogen phosphate, $NH_4H_2PO_4$)이며, 열분해 생성물인 오르토인산(orthophosphoric acid, H_3PO_4)이 가연물의 탈수작용을 진행한다.

    $NH_4H_2PO_4(s) \rightarrow H_3PO_4(l) + NH_3(g)$

    $C_6H_{10}O_5$(목재, cellulose unit) $+10\ H_3PO_4 \rightarrow 10\ H_3PO_4 \cdot \frac{1}{2}\ H_2O + 6\ C$

제3장

1. 큰 비열, 큰 증발열
2. 냉각소화, 질식소화, 유화소화, 희석소화
3. 분무되는 물 입자 중 99%의 누적체적분포가 400 μm 이하이며 A, B, C급 화재에 적응성을 갖는 것
4. 첫째는 가연물과 연소 환경을 냉각하여 연소 속도를 감소시키는 작용
   둘째는 점화원 에너지의 공급을 차단하거나 제한하는 작용
   셋째는 가연물의 양을 감소시키는 작용
5. 〈그림 3-2〉 참조
6. 400배, 제2종 기계포
7. 57,236 L
8. 원료 단백질의 획득 → 단백질의 가수분해 → 여과 → 중화탈염 → 농축 → 안정제 첨가 → 첨가제 첨가
9. 불화단백포소화약제, 수성막포소화약제, 불화단백형 알코올형포소화약제
10. 침윤소화약제는 물의 침투능력, 분산능력 및 유화능력을 증대하기 위하여 물과 혼합하여 사용하는 약제이다.

제 4 장

1. NOAEL은 할로겐화합물 청정소화약제의 인체 독성을 나타내는 지표로서 무독성량(no observed adverse effect level, NOAEL)이다. NOAEL은 '부작용 무관측 최대농도'라고 표현할 수 있으며 인체에 부작용이 나타나지 않는 최대 허용농도를 의미한다. 즉, NOAEL은 인간의 심장에 부작용이 관찰되지 않는 최대 허용농도로서 그 값이 작을수록 독성이 강하다. 청정소화약제설비의 최대허용설계농도는 NOAEL을 의미한다. NOAEL을 결정하는 방법은 기존의 동물실험법과 함께 최근 개발된 PBPK모델법이 있다. 동물실험법은 기체상 할로겐화합물에 실험용 개를 5분간 노출시킨 후 심장과민반응을 측정하는 전통적인 방법이다. 그러나 인체의 여러 기관이 가지는 흡수특성과 대사작용이 개와는 다르므로 인체 내 여러 조직의 생리학적 특성을 고려한 약제 영향을 컴퓨터 모사실험(computer simulation)을 통해 계산한 것이 최근 개발된 PBPK 모델법이다. 실제적으로 PBPK모델법으로 측정된 NOAEL은 대부분 동물실험법에 의한 측정치에 비해 그 수치가 상대적으로 높다.
2. 45 kg(최저한도 약제량)
3. 176 kg
4. 135 kg
5. 실제기체가 액화 가능한 최고의 온도이다. 이 온도 이상에서는 압력이 아무리 높아도 액화가 불가능하여 기체로 존재한다.
6. 329.2 kg
7. (a) CHF_3 (b) FC-3-1-10 (c) Ar
8. 질식소화작용만을 가지는 불활성기체 청정소화약제의 인체 독성을 나타내는 수치이다.

   인간이 호흡 가능한 최저 12 vol.%의 산소농도 유지하기 위한 불활성기체 청정소화약제의 최대 농도를 NEL(부작용준위, No Effect Level)이라고 하며 질식소화작용만을 나타내는 모든 불활성기체 청정소화약제는 43 vol.%이다.

9. 26.58 kg
10. 23.97 m^3

제5장

1. $NH_4H_2PO_4$
2. 유동성의 척도 : 안식각(angle of repose)
   유동성 결정요소 : 입자의 크기, 입도, 입자의 형상, 흡습률 등
3. 질식소화, 냉각소화, 부촉매소화
4. 238.32 kg
5. 90 kg
6. 제3종 분말소화약제
7. 314.6 kg
8. 분말약제가 가지는 빠른 소화작용과 포소화약제가 가지는 소화작용의 지속성을 모두 나 타낼 수 있다.
9. 실리콘오일의 수지상 피막 형성을 촉진하는 촉매이다.
10. 54 kg

제6장

1. 소화기의 소화능력을 나타내는 단위로서 공인기관에서 형식승인된 수치이다.
2. 20단위 이상
3. 축압식소화기

4. 20 kg 이상
5. 감지부는 열이나 불꽃을 감지하며, 탐지부는 가스의 누출을 탐지한다.
6. 가스계 약제의 방사압력과 저장량이 가스계소화설비는 법규에 따를 수 있도록 가변적이나, 캐비넷형자동소화장치는 제조사에 의해 고정되어 있다.
7. 본체는 고체에어로졸을 발생시키는 에어로졸발생기, 열이나 연기 혹은 불꽃을 감지하는 감지부, 화재 경보를 발하고 작동장치에 신호를 보내는 제어부, 고체에어로졸을 활성화시켜 생성시키는 작동장치로 구성된다.
8. 자동확산소화장치
9. 1.3 kg 이하
10. 팽창질석, 팽창진주암, 마른 모래

참고문헌

1. 김명철 외 1인, 『공업화학』, 녹문당(서울)
2. 김명철, 『소방화학』, 녹문당(서울)
3. 김영수 외 6인, 『최신소방약제화학』, 신광출판사(서울)
4. 남상욱, 『소방시설의 설계 및 시공』, 성안당(파주)
5. 미분무소화설비의 화재안전기준
6. 분말소화설비의 화재안전기준(NFSC 108)
7. 소화약제의 형식승인 및 제품검사의 기술기준
8. 위험물안전관리법
9. 이산화탄소소화설비의 화재안전기준(NFSC 106)
10. 인세진 외 4인, 『소화약제화학』, 형설출판사(서울)
11. 청정소화약제소화설비의 화재안전기준(NFSC 107A)
12. 포소화설비의 화재안전기준(NFSC 105)
13. 할로겐화합물소화설비의 화재안전기준(NFSC 107)
14. NFPA 12(2011 ed.)
15. Eugene Meyer, 『Chemistry of Hazardous Materials, Pearson(Boston)
16. S.R. Turns, 『An Introduction to Combustion』, 3rd ed., McGraw Hill(New York)

찾 아 보 기

ㄱ

ㅁ

ㅂ

ㅅ

ㅇ

ㅈ

ㅊ

ㅎ

영 문

기 타

· 김명철

1983 경북대학교 공업화학과 졸업(공학사)

1985 경북대학교 대학원 공업화학과 졸업(공학석사)

1988 경북대학교 대학원 공업화학과 박사과정 졸업(공학박사)

2001.1~2002.1 Univ. of Florida 화학과 방문교수

1991~현재 경일대학교 소방방재학과 교수

소화약제화학 정가 20,000원

발 행 2022년 3월 20일 4 판 3쇄

저 자 김명철

발행인 정우용

발행처 도서출판 동화기술

경기도 파주시 광인사길 201(문발동, 파주출판도시)

Tel (031)955-4211~6 donghwapub@nate.com

Fax (031)955-4217 www.donghwapub.co.kr

(등록) 1977년 12월 19일/9-16호

Copyright ⓒ 2019 by 김명철

Printed in Korea

ISBN 978-89-425-9208-1

불법복사는 지적재산을 훔치는 범죄행위입니다.

저작권자와 출판사의 허락 없이 내용의 일부를 발췌하거나 복사하는 것을 금합니다.